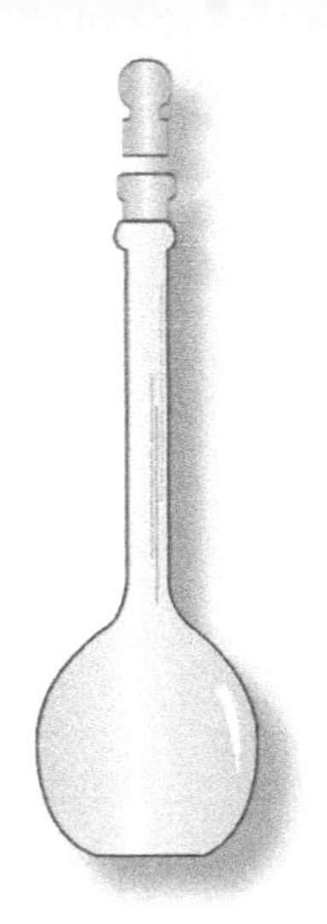

Práticas de Laboratório de Bioquímica e Biofísica

Uma Visão Integrada

gen
Grupo
Editorial
Nacional

Práticas de Laboratório de Bioquímica e Biofísica

Uma Visão Integrada

Mariane B. Compri-Nardy

Graduada em Ciências Biológicas e em Ciências Farmacêuticas pela Universidade São Francisco. Especialista em Análises Clínicas pela Universidade São Judas Tadeu. Mestre e Doutora em Ciências pela Universidade de Campinas. Atuou como docente na Universidade São Francisco, Universidade Paulista, Faculdade de Medicina de Jundiaí, entre outras, nas disciplinas de Bioquímica e Biofísica e Genética. Coordenadora das Atividades dos Laboratórios de Ensino das Áreas de Ciências Agrárias, Biológicas e da Saúde da Anhanguera Educacional. Avaliadora do Sistema Nacional de Avaliação da Educação Superior – SINAES

Mércia Breda Stella

Graduada em Biomedicina e Nutrição. Mestre em Bioquímica pela Universidade de São Paulo – USP. Doutora em Bioquímica pela Universidade Estadual de Campinas – UNICAMP. Professora Titular de Bioquímica e Biofísica da Faculdade Anhanguera de Campinas – Unidade 3. Professora Adjunta Regente da Disciplina de Bioquímica e Biofísica da Faculdade de Medicina de Jundiaí. Supervisora da Área de Ciências Biológicas e Agrárias do Departamento de Desenvolvimento Educacional da Anhanguera Educacional S.A. Ex-professora Doutora da Disciplina de Bioquímica e Biofísica e Disciplina de Bioquímica Clínica da Universidade São Francisco

Carolina de Oliveira

Graduada em Ciências Farmacêuticas – Habilitação em Análises Clínicas pela Universidade São Francisco. Pós-Graduanda em Didática do Ensino Superior. Supervisora de Laboratórios da Área Ciências Agrárias, Biológicas e da Saúde e Professora nas disciplinas de Bioquímica e Biofísica e Farmacologia da Anhanguera Educacional

■ **Atendimento ao cliente: (11) 5080-0751** | faleconosco@grupogen.com.br

Uma editora integrante do GEN | Grupo Editorial Nacional
Travessa do Ouvidor, 11
Rio de Janeiro – RJ – 20040-040
www.grupogen.com.br

■ Capa: Bernard Design

■ Editoração eletrônica: Anthares

■ Ficha catalográfica

N186p

Nardy, Mariane B. Compri
Práticas de laboratório de bioquímica e biofísica : uma visão integrada / Mariane B. Compri-Nardy, Mércia Breda Stella, Carolina de Oliveira. - [Reimpr.]. - Rio de Janeiro : Guanabara Koogan, 2021.
il.

Apêndices
Inclui bibliografia
ISBN 978-85-277-1538-6

1. Bioquímica - Manuais de laboratório. 2. Bioquímica - Experiências. 3. Biofísica - Manuais de laboratório. 4. Biofísica - Experiências. I. Stella, Mércia Breda. II. Oliveira, Carolina de. III. Título.

08-5372.

CDD: 572
CDU: 577

Apresentação

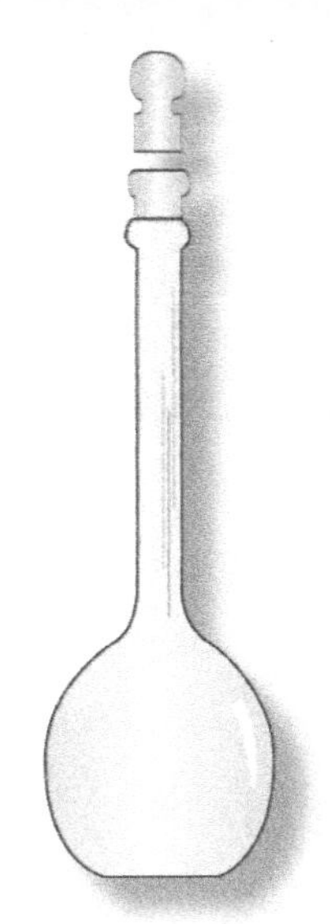

De um modo geral, ao cursarem a disciplina *Bioquímica e Biofísica*, os alunos deparam com dificuldades decorrentes da insuficiência de conhecimentos que deveriam ter sido adquiridos no segundo grau. De fato, o dia a dia no processo de ensino e aprendizagem no curso universitário expõe, de maneira inequívoca, a fragilidade do preparo dos alunos nas áreas de ciências exatas e biológicas. A essa deficiência se adiciona a dificuldade que a grande maioria tem para ler, interpretar e redigir textos.

É forçoso reconhecer que os livros de Bioquímica colocados à disposição dos estudantes, em geral traduzidos, não foram elaborados para principiantes. O preciosismo técnico, a hermeticidade da linguagem e o detalhamento excessivo — fruto do temor de possíveis críticas — fazem de sua utilização uma experiência frustrante e desanimadora para quem está se iniciando. Algumas publicações nacionais, na tentativa de oferecer um novo caminho, têm cometido o pecado oposto ao utilizar uma linguagem não apropriada para adultos e, muitas vezes, sem o necessário rigor na apresentação de conceitos.

É na busca de uma solução para estas dificuldades que se insere este *Práticas de Laboratório de Bioquímica e Biofísica | Uma Visão Integrada*. A linguagem utilizada é simples e direta, isenta de explicações óbvias e de detalhes desnecessários que caracterizam uma cultura inútil sob qualquer aspecto. Essa linha de pensamento reflete a atividade docente das autoras Mariane B. Compri-Nardy, Mércia Breda Stella e Carolina de Oliveira que, juntas, somam muitos anos de experiência no ensino e na pesquisa em Bioquímica.

Representantes de três gerações de ex-alunas que vi nascer e crescer profissionalmente, as autoras conseguem com este livro demonstrar que é possível ser rigoroso e, ao mesmo tempo, descomplicado.

Prof. José Antonio Garcia Sanches
Professor Livre Docente, graduado em Farmácia pela
Universidade de São Paulo. Ex-professor Titular da Disciplina de
Bioquímica e Biofísica da Universidade São Francisco
e da Universidade de Mogi das Cruzes.

Prefácio

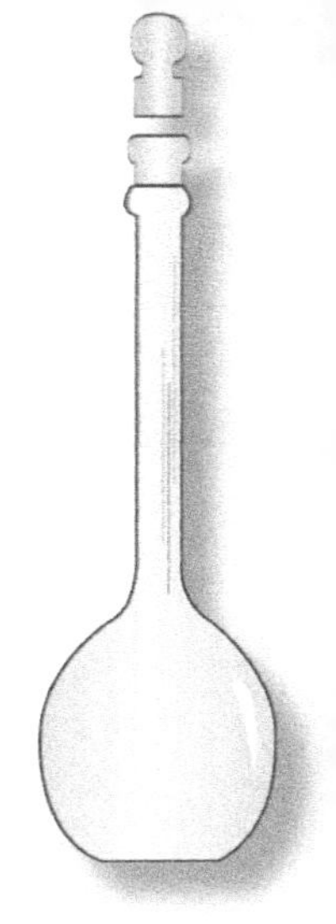

A Bioquímica, principal ponto de encontro das ciências biológicas e físicas, deriva da Fisiologia e nos ajuda a responder a três perguntas básicas: *Qual é a natureza das moléculas e das estruturas encontradas nas células? Qual é a função biológica dessas moléculas e estruturas? Como elas são sintetizadas e degradadas nas células?*

A Biofísica, por sua vez, ocupa-se do estudo relativo à matéria, à energia, ao espaço e ao tempo nos sistemas biológicos.

Portanto, Bioquímica e Biofísica têm uma relação estreita entre si, em particular quando tratam dos métodos e técnicas de estudo relacionadas com a caracterização quantitativa e qualitativa das biomoléculas, do estudo da fisiologia dos sistemas e da compartimentalização celular. Por essa razão é fundamental que os estudantes tenham uma visão integrada dessas duas ciências, conceito esse que constitui um dos motivos de termos redigido este livro.

Nosso outro objetivo foi contemplar uma área importante que nem sempre tem sido adequadamente lembrada pela literatura sobre Bioquímica e Biofísica: as atividades desenvolvidas nos laboratórios, prática que constitui um valioso recurso para o processo de ensino e aprendizagem.

Atualmente, a educação está fundamentada em quatro pilares: o aprender a aprender, o aprender a fazer, o aprender a viver juntos e o aprender a ser. Embora contribuam para todos esses pilares, as práticas de laboratório — que são na quase totalidade dos casos desenvolvidas em grupos — auxiliam, particularmente, no desenvolvimento do aprender a fazer, que tem a ver com a capacitação intelectual ou técnica, e o aprender a viver juntos, que diz respeito à formação de habilidades para interagir com os outros.

O trabalho de laboratório de Bioquímica e Biofísica é a atividade que coloca o estudante dessas ciências frente a uma situação prática de execução, segundo determinada técnica e rotina. Seu objetivo é conferir ao aluno as habilidades de que ele irá necessitar quando colocar em prática os conhecimentos teóricos que adquiriu, com vistas ao bom exercício da profissão que escolheu.

Este livro foi concebido para contribuir para o fortalecimento desses pilares, colocando à disposição dos estudantes um conjunto de conhecimentos práticos necessários para a compreensão das disciplinas de bioquímica e biofísica. Os temas abordados foram selecionados para atender aos currículos da maioria dos cursos da área de ciências biológicas e da saúde. Cada atividade prática é embasada em considerações teóricas, e o texto contempla os objetivos, os materiais e métodos, os resultados e as conclusões relativos a ela.

Esperamos que esta obra alcance nossos objetivos, possibilitando que os estudantes compreendam melhor a importância da Bioquímica e da Biofísica e sua correlação com outras ciências da saúde, contribuindo para uma formação acadêmica de qualidade. Essa seria nossa maior recompensa.

As autoras

Sumário

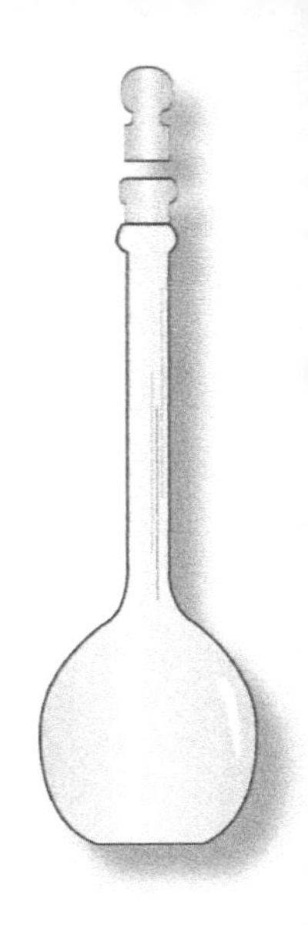

1

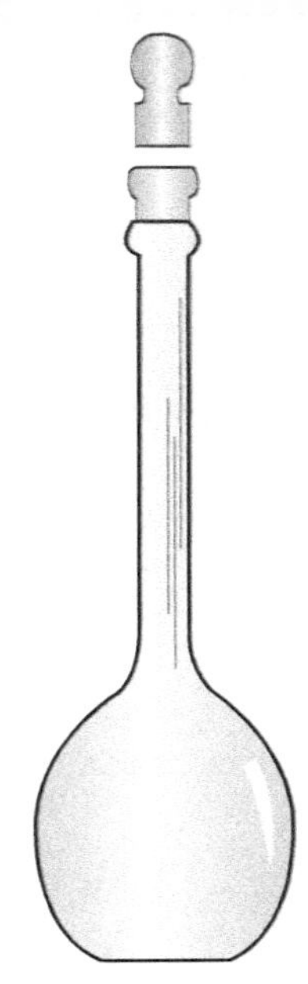

Instrumentação para Uso do Laboratório em Atividades de Bioquímica e Biofísica

Introdução

Todo trabalho de laboratório passa por quatro fases:

1. Familiarização do estudante com o ambiente do laboratório.
2. Desenvolvimento de habilidades para o uso de aparelhos.
3. Execução do experimento proposto visando aos resultados finais.
4. Interpretação dos resultados obtidos.

Para que o aluno se familiarize com o ambiente em que desenvolverá as atividades, ele deve conhecer o espaço físico no qual trabalhará, as normas de segurança, os procedimentos-padrão que deverá atender e os principais materiais e equipamentos que utilizará.

Normas gerais de segurança no laboratório

O trabalho no laboratório, seja em atividades profissionais seja de aprendizado, exige que sejam seguidas, rigorosamente, as regras de segurança para evitar acidentes e prejuízos de ordem humana ou material. Os acidentes podem ser evitados, se devidas precauções forem tomadas ou, ao menos, suas consequências, minimizadas. A seguir, estão relacionadas algumas regras de segurança que devem ser colocadas em prática:

- Usar sempre avental (de algodão, de mangas compridas, na altura dos joelhos e fechados), óculos de proteção e luvas, mas nunca fora do laboratório
- Usar calça comprida ou saia longa, cabelo preso e calçado fechado de couro ou similar
- Não usar relógios, pulseiras, anéis ou outros ornamentos durante o trabalho no laboratório
- Não beber, comer ou fumar no laboratório
- Caminhar lentamente e com atenção
- Nunca testar amostras ou reagentes pelo sabor. Os odores devem ser verificados com muito cuidado
- Não levar a mão à boca ou aos olhos quando estiver manuseando produtos químicos
- Em casos de acidentes, manter a calma e chamar o professor ou técnico responsável
- Guardar em armários, ou outros locais indicados pelo professor, os objetos pessoais, como bolsas, blusas e outros
- Brincadeiras são absolutamente proibidas nos laboratórios
- Usar a capela sempre que trabalhar com solventes voláteis, tóxicos e reações perigosas, explosivas ou tóxicas
- Manipular as substâncias inflamáveis em locais distantes de fontes de aquecimento
- Usar pipetadores sempre que utilizar pipetas
- Ao final de cada aula, as vidrarias utilizadas durante o trabalho de laboratório devem ser esvaziadas e enxaguadas antes de serem enviadas para limpeza

- Entregar ao técnico ou responsável as vidrarias trincadas, lascadas ou quebradas
- Antes de manipular qualquer reagente, deve-se ter conhecimento de suas características com relação à toxicidade, inflamabilidade e explosividade
- Identificar claramente os reagentes e as soluções, que devem apresentar data de preparo, validade e o nome do técnico que a preparou
- Seguir corretamente o roteiro de aula, sem improvisações, pois estas podem causar acidentes
- Usar sempre materiais e equipamentos adequados
- Orientar-se sempre com o professor quanto ao descarte de reagentes, resíduos de reações ou outros resíduos dos laboratórios de saúde.

De acordo com a Resolução Conama nº 358, de 29 de abril de 2005, os resíduos são classificados nos seguintes grupos:

- Grupo A — Resíduos com a possível presença de agentes biológicos que, por suas características de maior virulência ou concentração, podem apresentar risco de infecção;
- Grupo B — Resíduos com substâncias químicas que podem apresentar risco à saúde pública ou ao meio ambiente, dependendo de suas características de inflamabilidade, corrosividade, reatividade e toxicidade;
- Grupo C — Quaisquer materiais resultantes de atividades humanas que contenham radionuclídeos em quantidades superiores aos limites de eliminação especificados nas normas da CNEN (Comissão Nacional de Energia Nuclear) e para os quais a reutilização é imprópria ou não prevista;
- Grupo D — Resíduos que não apresentem risco biológico, químico ou radiológico à saúde ou ao meio ambiente, podendo ser equiparados aos resíduos domiciliares;
- Grupo E — Materiais perfurocortantes ou escarificantes, como lâminas de barbear, agulhas, escalpes, ampolas de vidro, brocas, limas endodônticas, pontas diamantadas, lâminas de bisturi, lancetas, tubos capilares, micropipetas, lâminas, lamínulas, espátulas e todos os utensílios de vidro quebrados no laboratório (pipetas, tubos de coleta sanguínea e placas de Petri) e demais similares.

Estas são algumas regras gerais que devemos seguir durante o trabalho no laboratório. Ao longo do curso, em cada experimento, serão relacionadas outras mais específicas, inclusive sobre os reagentes que serão manipulados.

Principais materiais e equipamentos utilizados nas atividades práticas propostas

Veja, a seguir, os itens necessários para as práticas propostas e sua descrição.

▸ Vidrarias

Note que as vidrarias são encontradas em vários tamanhos.

Balão de fundo chato: utilizado como recipiente para conter líquido ou soluções, ou fazer reações com desprendimento de gases.

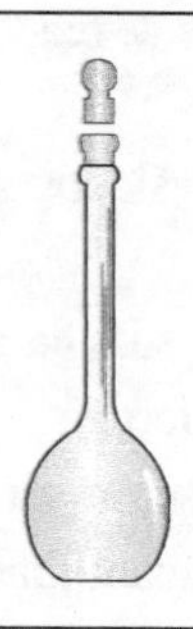

Balão volumétrico: possibilita medidas de volumes exatos. Possui volume definido e nele se preparam as soluções. Inicialmente, a solução pode ser preparada em um béquer, em menor volume, e depois adicionada ao balão para completar o volume.

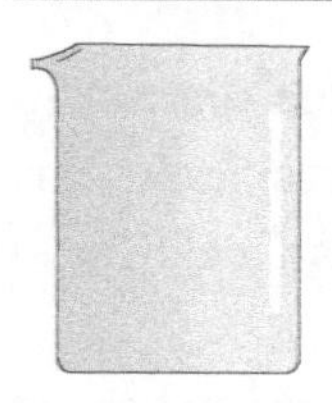

Béquer: serve para fazer reações entre soluções, dissolver substâncias sólidas, efetuar reações de precipitação e aquecer líquido. Mede volumes aproximados.

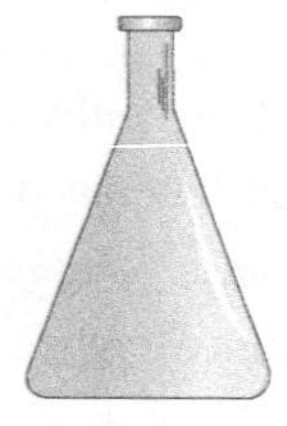

Erlenmeyer: utilizado em titulações, aquecimento de líquidos, para dissolver substâncias e proceder a reações entre soluções. Usado principalmente para misturar substâncias líquidas.

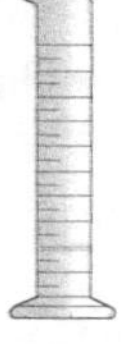

Proveta: não pode ser aquecida e serve para medir e transferir volumes de líquidos que, embora não exatos, são mais precisos do que de um béquer ou Erlenmeyer.

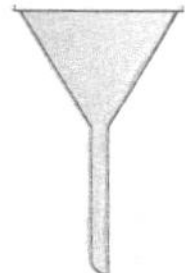

Funil de haste longa: também não pode ser aquecido. Usado na filtração e para a retenção de partículas sólidas.

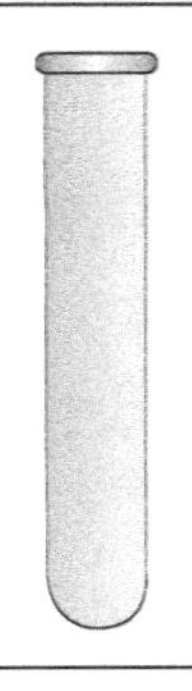

Tubo de ensaio: empregado para fazer reações em pequena escala, principalmente em testes de reação em geral. Pode ser aquecido cuidadosamente direto sob a chama do bico de Bunsen. Existem tubos especiais para centrífugas, utilizados em reações químicas, que formam substâncias insolúveis, e que necessita de uma precipitação rápida por meio de um centrifugador.

Bureta: aparelho utilizado em análises volumétricas para dispensar líquidos com grande exatidão. Pode livrar-se de quantidades de volume variáveis, devido às marcas de graduação e extensão.

Condensador: é utilizado na destilação e tem como finalidade condensar vapores gerados pelo aquecimento de líquidos.

Pipeta graduada: utilizada para medir volumes pequenos e variáveis. Possui precisão superior à da proveta. Não pode ser aquecida.

Pipeta volumétrica: usada para medir e transferir volumes fixos de líquidos. Não pode ser aquecida, pois possui grande precisão de medida. A pipeta volumétrica fornece a medida mais exata em laboratório.

Nota. Atualmente, são muito utilizadas nos laboratórios as pipetas automáticas, que podem ter volumes variáveis e possibilitam a transferência de quantidades muito pequenas de líquidos, da ordem de microlitros.

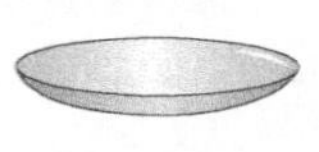

Vidro de relógio: é uma peça de vidro de forma côncava, usada em análises e evaporações, que não pode ser aquecida diretamente.

Almofariz com pistilo: usado na trituração e pulverização de sólidos.

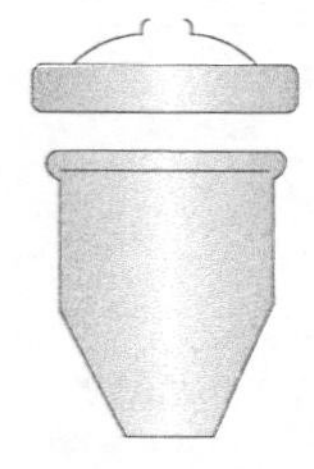

Cadinho: peça, geralmente de porcelana, usada para aquecer substâncias a seco.

▶ Outros materiais

Há ainda outros materiais importantes utilizados em práticas laboratoriais. São eles:

Bico de Bunsen: é a fonte de aquecimento mais utilizada em laboratório. Atualmente tem sido substituído pelas mantas e chapas de aquecimento.

Tripé: sustentáculo para efetuar aquecimentos de soluções em diversas vidrarias de laboratório. É utilizado em conjunto com a tela de amianto.

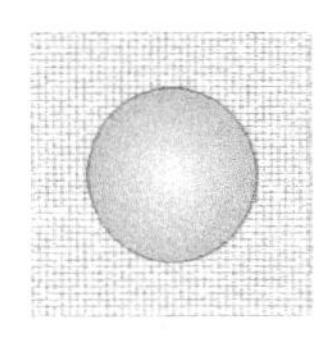

Tela de amianto: é um suporte para as peças a serem aquecidas, que tem como função distribuir uniformemente o calor recebido pelo bico de Bunsen.

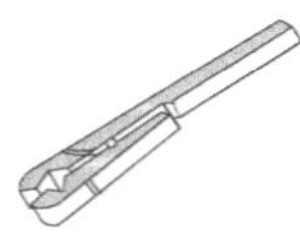

Pinça de madeira: usada para segurar o tubo de ensaio durante o aquecimento.

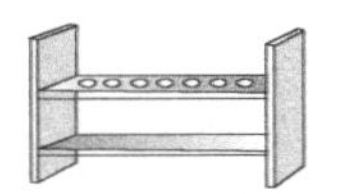

Estante para tubo de ensaio: é usada para suporte de tubos de ensaio.

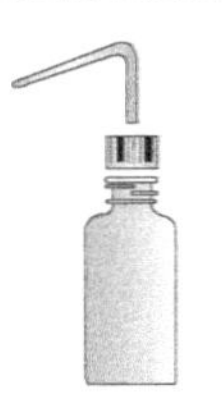

Pisseta ou frasco lavador: usada para lavagens de materiais ou recipientes por meio de jatos de água, álcool ou outros solventes.

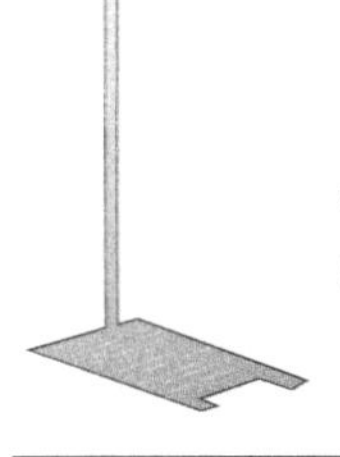

Suporte universal: serve para sustentar peças em geral. Utilizado em operações como filtração, suporte para condensador, bureta, sistemas de destilação etc.

Dessecador: utilizado para guardar substâncias em atmosfera com baixo índice de umidade.

▸ Equipamentos

Conheça a seguir alguns equipamentos indispensáveis em um laboratório.

Balança digital: é usada para medir massa de sólidos e líquidos não voláteis com grande precisão.

Banho-maria: é um aquecedor de água termostatizado por meio de resistência elétrica que atinge a temperatura máxima de 100°C.

Centrífuga: serve para acelerar o processo de decantação. São aparelhos que, por meio da força centrífuga, forçam uma substância insolúvel em uma mistura líquido–sólido a se precipitar rapidamente.

Estufa: é utilizada para secagem de material cujo controle de temperatura se dá por meio de termostato; em geral alcança até 300°C.

Mufla: produz altas temperaturas. É utilizada, por exemplo, para calcinação com alcance de até 1.200°C.

Agitador magnético: equipamento destinado a homogeneizar soluções que podem ou não possuir aquecimento próprio.

Capela: é uma câmara de exaustão na qual são manuseadas substâncias ou realizados experimentos que originam gases tóxicos ou inflamáveis.

Chuveiro e lava-olhos: equipamento de segurança utilizado no caso de acidentes no laboratório.

Esses são os principais materiais e equipamentos que serão utilizados nas atividades práticas previstas neste livro. Uma vez familiarizado com o ambiente do laboratório e com os principais materiais e equipamentos, o aluno aprenderá a técnica de pipetagem que é utilizada na maior parte das atividades práticas.

▸ Atividade prática: instrumentação para uso do laboratório

▸ Objetivo

Aprender a transferir pequenos volumes com precisão: técnica de pipetagem.

▸ Materiais e método

Materiais

- Béquer com água destilada
- Ponteiras para pipetas automáticas
- Recipiente para descarte de ponteiras
- Pipetas graduadas de 0,5, 1,0, 2,0, 5,0 e 10,0 mℓ
- Pipetas volumétricas
- Pipetas automáticas
- Papel absorvente
- Pipetador ou pera de sucção
- Tubos de ensaio
- Estante para tubos de ensaio.

Reagente*

- Solução de azul de metileno a 2%.

---

* Veja *Preparo de Soluções*, no Apêndice.

Método

É importante, antes do início do trabalho, verificar se as pipetas estão limpas e livres de qualquer avaria. Pipetas com duplo risco são de sopro e as que possuem somente a tarja e um risco não devem ser sopradas. Para pipetas de sopro manipule o bulbo do pipetador para forçar o ar através da pipeta, a fim de remover a última porção de líquido da ponta.

Pipetagem com pipetas graduadas e volumétricas

- Colocar água destilada em um béquer
- Acoplar o pipetador ou pera de sucção na pipeta
- Introduzir a pipeta na água destilada
- Aplicar sucção e encher a pipeta acima da marca de calibração
- Remover a pipeta da água destilada
- Limpar com papel ou gaze. Segurar a pipeta na posição vertical e esvaziar vagarosamente até que o menisco inferior apenas toque a marca de calibração
- Tocar a ponta em um receptáculo limpo e seco para eliminar qualquer gota pendente
- Levar a pipeta até o tubo de ensaio e na posição vertical esvaziar livremente.

Pipetagem com pipetas automáticas

- Ajustar o volume a ser pipetado
- Colocar a ponteira indicada para a pipeta
- Pressionar o êmbolo da pipeta até a primeira trava e aspirar a amostra dentro da ponteira

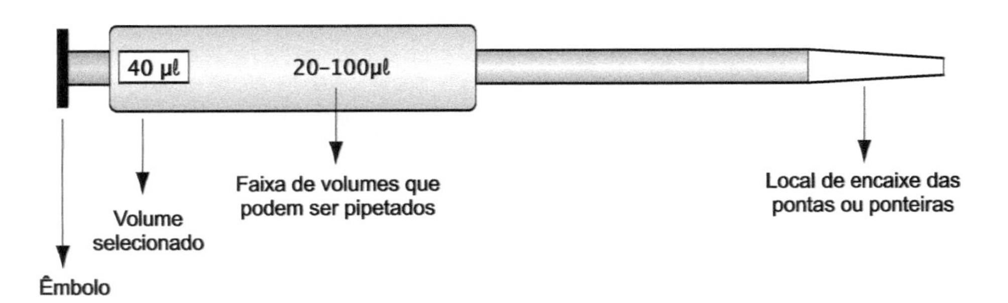

- Pressionando o botão, ele funcionará como um êmbolo. Pressione até o primeiro estágio para sugar o líquido e até o segundo para dispensá-lo
- Limpar com papel absorvente, tomando o cuidado de não tocar no fluido da ponta
- Levar a pipeta até o tubo de ensaio e apertar o êmbolo até o final para descartar o líquido
- Dispensar a ponteira utilizada em um recipiente
- Proceder à limpeza e à organização da bancada.

Resultados e conclusão

- Anotar os resultados e as conclusões.

Questões

1. Qual é a importância do conhecimento das vidrarias para o trabalho em laboratório?
2. Existe diferença entre pipetagem com pipeta graduada e volumétrica?

2

Eletroforese de Proteínas

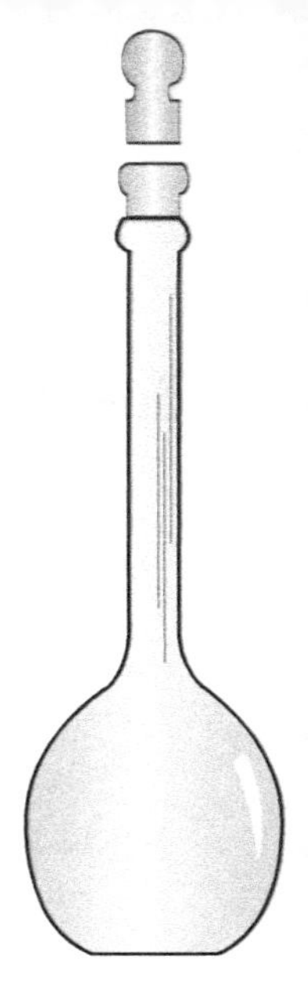

▸ Introdução

As soluções biológicas, além do solvente água, possuem uma enorme variedade de componentes. O estudo da composição qualitativa e quantitativa dessas soluções pode ser feito por meio de métodos biofísicos que possibilitem separar e identificar esses componentes. A eletroforese é um dos métodos biofísicos de estudo das soluções e consiste na separação dos componentes de um sistema pela aplicação de um campo elétrico. É um dos métodos mais usados no laboratório, tanto na forma fundamental como nas variantes.

▸ Fundamentação teórica

Quando uma solução é submetida a um campo elétrico, os cátions migram para o cátodo (polo negativo) e os ânions, para o ânodo (polo positivo). A técnica de eletroforese permite a separação analítica ou preparação dos componentes de uma mistura de várias espécies iônicas com cargas diferentes. Além da separação qualitativa de partículas carregadas, a eletroforese permite separar partículas com a mesma carga, porém com quantidades de cargas diferentes. Tomando como exemplo as proteínas, que são polieletrólitos com cargas dependentes do pH do meio circundante, pode-se utilizar a técnica de eletroforese a fim de separar uma mistura dessas moléculas.

A mobilidade de uma proteína em um campo elétrico depende de alguns itens:

- Sinal da carga: orienta o sentido da migração ao polo do sinal oposto
- Intensidade da carga: o deslocamento é proporcional à intensidade da carga
- Grau de dissociação: a carga depende do pH do meio, que deve ser estabilizado pelo uso de tampões
- Anfóteros
- Força de campo elétrico
- Distância entre os eletrodos: o caminho percorrido é proporcional à força do campo que se mede pelo gradiente de voltagem (volts/cm)
- Tempo de corrida: o caminho percorrido é diretamente proporcional ao tempo de corrida
- Tamanho e forma da partícula
- Viscosidade do meio
- Concentração eletrolítica do meio: cada partícula com carga elétrica se circunda, por atração eletrostática, de íons de sinais contrários. Essa nuvem iônica tende a migrar em sentido contrário, reduzindo a velocidade da partícula central. A densidade da nuvem iônica depende da concentração iônica do eletrólito — força iônica do tampão.

Deste modo a mobilidade eletroforética, conforme a Lei de Stokes, pode ser expressa:

$$V = \frac{q}{6\pi \, n \, r}$$

Em que:

V = mobilidade eletroforética

q = carga da molécula

n = viscosidade do meio

r = tamanho e forma da molécula

O fato mais importante pelo qual a eletroforese se distingue de todas as outras técnicas de separação de misturas é que todas as partículas da mesma espécie que possuem a mesma carga se repelem mutuamente, evitando conglomerações, formação de complexos e reações entre elas.

Cada partícula migra independentemente, mantendo sua estrutura e suas propriedades.

O que torna a eletroforese aplicável a todos os íons, desde inorgânicos até moléculas mais complexas (proteínas), incluindo também partículas macroscópicas portadoras de carga elétrica, é o fato de suas características não sofrerem alterações.

No caso das proteínas, os radicais polares dos aminoácidos se comportam como ácidos ou bases fracas e podem sofrer ionização dependendo do pH. Por exemplo, uma proteína hipotética que tenha na sua superfície 4 grupos amina e 4 grupos carboxila; se todos se encontrarem ionizados, a proteína terá 4 cargas positivas e 4 cargas negativas; portanto, a resultante das cargas é igual a zero. Nessa situação, a proteína não migra em um campo elétrico e o pH é denominado ponto isoelétrico (pI).

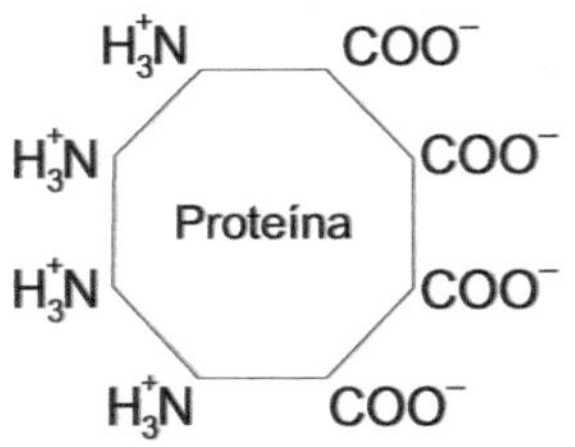

Se o pH do sistema for igual ao pI da proteína, a carga efetiva é zero, e a proteína fica estacionária.

Alterando-se o pH da solução, é possível obter formas ionizadas com resultante de cargas diferentes de zero.

Quanto maior for o pH em relação ao pI, maior será a resultante de cargas para o lado negativo, até que todos os grupos tenham assumido o máximo ou o mínimo de ionização.

Se o pH do sistema for acima do pI da proteína, ela fica com cargas negativas e migra para o polo positivo.

No exemplo apresentado, podemos observar que, para um pH muito maior do que o pI, a resultante máxima de cargas é de – 4.

Quando o pH for menor que o pI, a proteína passa a assumir carga positiva, sendo a resultante máxima, para o caso anterior, de +4.

Se o pH do sistema for abaixo do pI da proteína, ela fica com cargas positivas e migra para o polo negativo.

Não é demais reforçar que a utilização de proteínas como exemplo não significa que somente elas possam ser separadas por eletroforese, mas todas as moléculas carregadas.

▸ Proteínas do soro

A denominação das frações proteicas do soro pela eletroforese é conseguida graças à velocidade de migração diferente para cada uma das frações. No soro normal, foram identificadas as seguintes frações de proteínas que compreendem as frações da albumina e globulinas (α_1, α_2, β, γ):

- Albumina: fração de maior velocidade de migração (pI = 4,6)
- Globulinas, que se dividem em alfa, que, por sua vez, está subdividida em α_1 (fração que possui velocidade de migração quase semelhante à da albumina — pI = 4,9) e α_2 (fração com velocidade de migração menor que a de α_1— pI = 4,9).

  Embora α_1 e α_2 tenham o mesmo pI, elas possuem velocidades de migração diferentes em razão de outros fatores descritos na mobilidade eletroforética.
- Beta: fração de velocidade de migração menor que a de α_2 (pI = 5,8)
- Gama: fração de menor velocidade de migração, na qual encontramos as imunoglobulinas do tipo A, M, G (pI = 7,0). As imunoglobulinas são proteínas responsáveis pela defesa do organismo.

Atividade prática: eletroforese de proteínas do soro

Objetivo

Realizar a separação eletroforética de proteínas do soro.

Materiais e método

Materiais

- Cuba e fonte de eletroforese — consiste em uma cuba de material não condutor de corrente elétrica e um retificador de corrente alternada em contínua
- Suportes — fitas de gel de agarose
- Papel de filtro
- Placas de Petri (cerca de 15 a 20 cm de diâmetro)
- Pinça
- Estufa ou secador de cabelos
- Cronômetro.

Reagentes*

- Tampão Tris-HCl pH = 9,5
- Corante negro amido — deixa as proteínas com a cor azul
- Descorante — ácido acético a 5% (v/v) (utilizado para remover o excesso de corante das fitas de eletroforese).

Método

O princípio é o seguinte: em pH 9,5 os grupos ácidos das proteínas do sangue se dissociam, formando íons de carga negativa que podem ser separados por eletroforese. Vários componentes proteicos de uma mistura, como o soro, em pH acima e abaixo de seus pI, migram em velocidades variáveis em tal solução porque possuem diferentes cargas elétricas na espécie de partícula. As proteínas tenderão a separar-se em camadas distintas.

Veja, a seguir, passo a passo, o que deve ser feito:

1. Colocar 120 mℓ de tampão na cuba — 60 mℓ de cada lado.

---

*Veja em *Preparo de Soluções*, no Apêndice.

2. Separar o gel de agarose da placa de acrílico.
3. Aplicar 0,4 μℓ de soro nas canaletas verticais em frente ao número da placa do gel de agarose com microcapilar.
4. Colocar o gel de agarose na cuba, voltado para baixo, coincidindo o lado (+) do gel com o (+) da cuba e o lado (–) do gel com o (–) da cuba.
5. Tampar a cuba, ligar, verificar se há formação de bolhas nos cantos (indicam passagem da corrente elétrica) e deixar por 20 min a 100 volts.
6. Desligar a cuba.
7. Retirar o gel de agarose da cuba, eliminando o excesso de tampão das bordas com papel de filtro.
8. Mergulhar o gel, voltado para cima, em 200 mℓ de corante (negro de amido) por 15 min (sem agitação).
9. Retirar o gel de agarose com uma pinça do corante e colocá-lo, sempre voltado para cima, em 200 mℓ de ácido acético a 5% (descorante), com agitação, por 30 segundos.
10. Retirar o excesso de descorante do gel de agarose e colocar a 60°C (usar estufa ou jato de ar), até que ele fique completamente seco.
11. Colocar o gel de agarose em banhos sucessivos de descolorante (ácido acético a 5%), com agitação, até o fundo ficar transparente novamente.
12. Secar a 60°C (usar estufa ou jato de ar).
13. Proceder à análise qualitativa.

▸ Resultados e conclusão

Verificar o esquema de migração eletroforética a seguir e identificar as frações proteicas. (Figura 2.1).

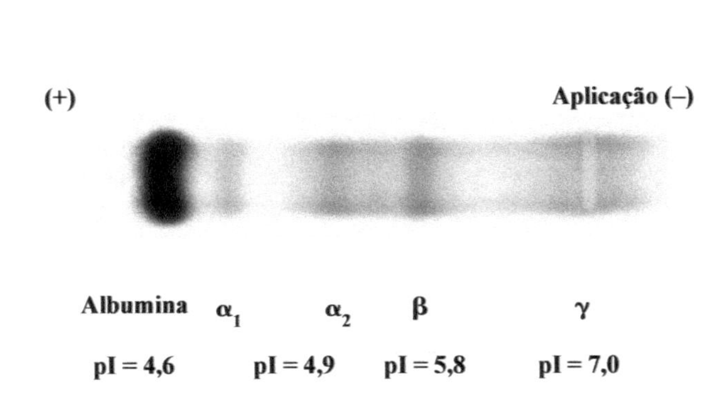

Figura 2.1 Quantificação das frações proteicas.

A quantificação das frações proteicas obtidas na eletroforese pode ser realizada por densitometria ou eluição. Ocorre variação nos níveis de proteínas totais quando há alteração dos valores de albumina ou globulina, ou de ambas. Os valores de referência para as proteínas totais são de 6 a 8 g/dℓ (Oliveira Lima, 2001).

- Valores aumentados (hiperproteinemia): desidratação (vômitos, diarreia, doença de Addison, acidose diabética).
- Valores diminuídos (hipoproteinemia): jejum prolongado, má absorção.

A Tabela 2.1 fornece algumas informações sobre as frações proteicas.

TABELA 2.1

Caracterização das frações proteicas quanto à função e ao local de síntese.

Frações	Albumina	α_1-globulina	α_2-globulina	β-globulina	Gamaglobulina
Funções	Manutenção da pressão osmótica, transporte de ácidos graxos, bilirrubina, ácidos biliares, hormônios esteroides, T_3 e T_4, fármacos e íons inorgânicos	Inibição da tripsina e da quimotripsina Precursor do fator II Transporte de cortisol, corticosterona e progesterona, T_3 e T_4 e lipídios	Transporte de cobre, zinco, vit. A, calcióis Inibição da coagulação Ligação de Hb Quebra éster-colina Precursor de plasmina e Ligação proteases	Transporte de lipídios, íons ferro, testosterona, estradiol, vita. B_{12} Ativação de complemento Fator coagulação I	Anticorpos tardios, protetores de membranas e precoces Receptores linfócitos B Reaginas
Local de síntese	Fígado	Fígado	Fígado	Fígado	Sistema retículo-endotelial

▸ Densitograma de proteínas plasmáticas. Aspectos quantitativos

A Figura 2.2 apresenta o perfil eletroforético normal das proteínas plasmáticas acompanhado de seus valores de referências.

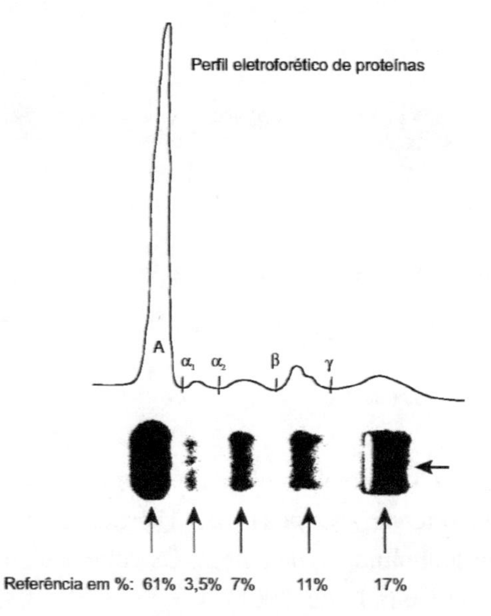

Figura 2.2 Perfil eletroforético normal das proteínas plasmáticas.

Seguem alguns padrões eletroforéticos característicos de quadros patológicos de interesse:

- **Reação aguda:** diminuição da albumina e aumento de α_2-globulina. Exemplo: infecções agudas, infarto, necrose tecidual, queimaduras graves, cirurgias, outras condições estressantes, doenças reumáticas.
- **Inflamatório crônico:** aumento ou padrão normal de α_2-globulina e aumento de γ. Exemplo: doenças granulomatosas, cirrose, doenças reumáticas do colágeno.
- **Síndrome nefrótica**: diminuição da albumina e aumento de α_2-globulina com ou sem aumento de β-globulina.
- **Cirrose avançada:** diminuição da albumina e aumento de γ.
- **Gamaglobulina policlonal:** aumento de γ. Exemplo: infecções crônicas, doenças granulomatosas (sarcoidose ou tuberculose pulmonar avançada), endocardite bacteriana subaguda, doenças reumáticas do colágeno (artrite reumatoide, lúpus ou poliartrite nodosa).
- **Hipogamaglobulinemia:** diminuição de γ. Exemplo: mieloma múltiplo (20%).

Questões

1. Quais substâncias podem ser analisadas pela eletroforese?
2. Como se explica a separação das globulinas α_1 e α_2 do soro?

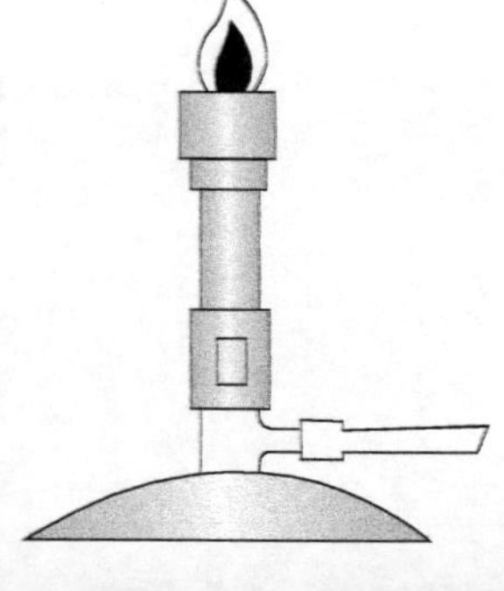

3

Eletroforese de Hemoglobinas

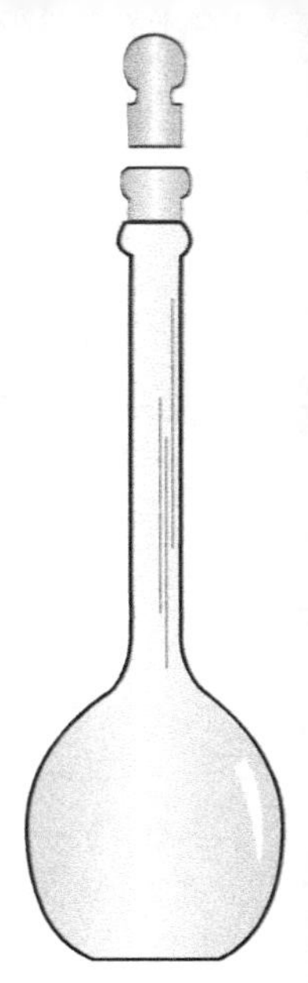

▸ Introdução

A hemoglobina, pigmento vermelho das hemácias, é uma proteína conjugada que tem como grupo prostético a ferroprotoporfirina, chamada heme, e que constitui 4% da molécula. Os 96% restantes são formados por uma proteína básica, uma histona denominada globina. A função da hemoglobina é o transporte de oxigênio, e esta função está intimamente ligada a sua estrutura, que por sua vez é determinada pela sequência, número e tipos de aminoácidos que a constituem.

Existem várias globinas normais diferentes: α, β, γ e δ (alfa, beta, gama e delta); além destas, uma cadeia embrionária ε (épsilon) está presente durante os três primeiros meses de vida fetal. Desde que cada unidade funcionante de hemoglobina é constituída de quatro cadeias, as seguintes combinações são possíveis:

Hemoglobina	Nomenclatura	Estrutura
Adulta A	$\alpha_2\beta_2$	2 alfa e 2 beta
Fetal	$\alpha_2\gamma_2$	2 alfa e 2 gama
Adulta A_2	$\alpha_2\delta_2$	2 alfa e 2 delta
Gower (embrionária)	$\alpha_2\varepsilon_2$	2 alfa e 2 épsilon

A hemoglobina A é a mais frequente no adulto. Uma característica das cadeias peptídicas, e, por conseguinte, da molécula da hemoglobina, é determinada pela espécie particular de resíduo de aminoácido existente e a sua disposição na cadeia. Assim, as cadeias α são constituídas de uma sequência de aminoácidos e as cadeias β têm ordem diferente; tal sequência irá determinar a tendência das cadeias α e β a se associarem em uma só molécula capaz de transportar o oxigênio. A grande solubilidade da hemoglobina é conseguida por sua forma globular compacta, com grupos polares distribuídos para fora a fim de interagirem com a água.

Atualmente são conhecidas várias mutações nas cadeias constituintes da hemoglobina. Um importante grupo de anemias hemolíticas são as hemoglobinopatias, que compreendem as condições nas quais tenha ocorrido um defeito molecular nas cadeias de globina da molécula de hemoglobina. Alterações na configuração molecular da hemoglobina têm um profundo efeito sobre as propriedades físico-químicas dessa proteína. As hemoglobinopatias hereditárias estão incluídas entre as doenças genéticas mais frequentes nas populações humanas. Embora as hemoglobinopatias constituam um assunto complexo, em geral se aceita o fato de serem agrupadas em duas classes: as hemoglobinopatias estruturais e as por deficiência de síntese ou talassemias.

A primeira hemoglobina estruturalmente anômala descrita foi a hemoglobina S, que causa anemia falciforme. Atualmente, mais de 300 hemoglobinas anômalas são conhecidas. Da mesma forma, já foram descritas várias dezenas de síndromes talassêmicas. Apesar disso, apenas duas hemoglobinopatias estruturais (as hemoglobinas S e C) e uma hemoglobinopatia por deficiência de síntese (talassemia beta) são importantes ao nível de saúde pública no Brasil (Ramalho, 1986a). A talassemia alfa, apesar de frequente entre as populações negroides, na forma em que ocorre no nosso meio (talassemia alfa +) apresenta pequena relevância clínica.

A eletroforese de hemoglobina é a técnica definitiva na detecção de hemoglobinas, nas quais a substituição de um aminoácido leva a uma alteração na carga elétrica. A eletroforese das hemoglobinas, em gel alcalino, é recomendada para uma triagem inicial das variantes hemoglobínicas e quantificação de A_2, S, C entre outras.

▸ Atividade prática: eletroforese de hemoglobinas

▸ Objetivo

Executar a separação de hemoglobinas a partir de um hemolisado preparado e interpretá-las.

▸ Materiais e método

Materiais

Materiais para o preparo do hemolisado

- 5 mℓ de sangue tratado com oxalato de sódio, heparina ou EDTA
- Centrífuga
- Solução salina (0,9%)
- Água deionizada
- Clorofórmio ou tetracloreto de carbono.

Materiais para a eletroforese de Hb

- Tampão Tris pH = 9,5
- Tubos capilares
- Gel de agarose
- Cuba de eletroforese e fonte
- Papel de filtro
- Corante negro de amido 0,2%*
- Ácido acético 5%*
- Placa de Petri grande
- Pinça metálica.

Método

O princípio do método é o seguinte: dentre as alterações físico-químicas observadas nas hemoglobinas anômalas, tem particular importância, pela sua aplicação prática, a mudança de comportamento eletroforético. Essa propriedade permite que se identifique, de forma relativamente simples, a maioria das hemoglobinas anormais. A seguir, são apresentados esquemas que mostram a posição de algumas hemoglobinas submetidas à eletroforese em pH alcalino.

---

*Veja em *Preparo de Soluções*, no Apêndice.

Na Figura 3.1 observa-se a separação das frações de hemoglobinas do tipo **A**, **S** e **A_2**. O indivíduo 1 apresentou apenas a banda S na sua eletroforese, sendo, portanto, um homozigoto SS. O indivíduo 2 apresentou as bandas A e S, sendo, portanto, um heterozigoto AS e, finalmente, o indivíduo 3 apresentou as bandas A e A_2, possuindo dessa forma o genótipo AA_2.

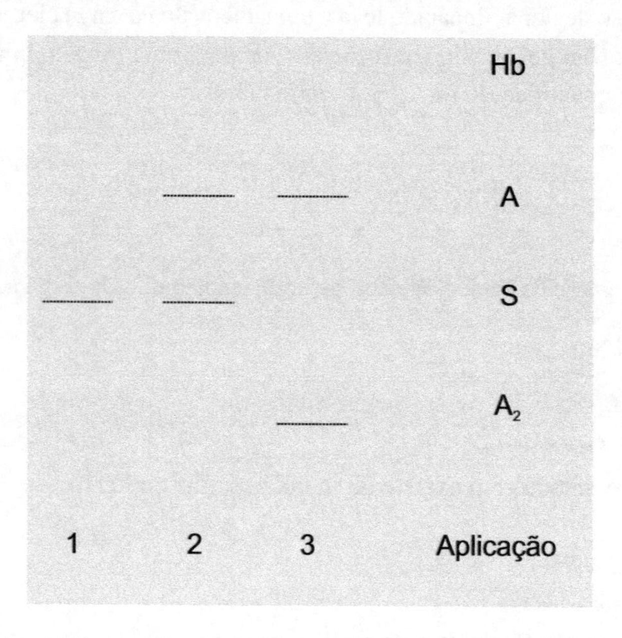

Figura 3.1 Esquema eletroforético: 1 — Homozigoto SS; 2 — Heterozigoto AS; 3 — Homozigoto normal AA_2.

Da mesma forma, o esquema da Figura 3.2 mostra alguns resultados que envolvem as hemoglobinas S, F e C.

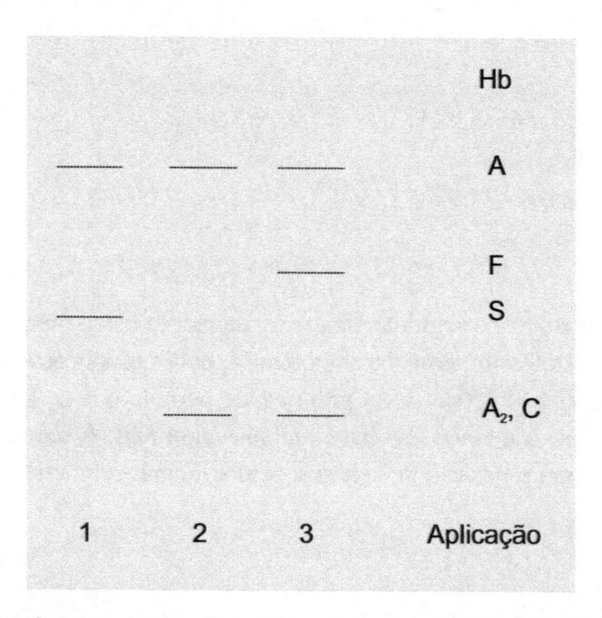

Figura 3.2 Esquema eletroforético: 1 — Heterozigoto AS; 2 — Heterozigoto AC; 3 — Padrão A, F, C.

Obs.: a confirmação da hemoglobina C é feita submetendo-se a amostra a nova eletroforese em pH = 6,2, na qual se verifica a separação das bandas A_2 e C. Na talassemia beta verifica-se um perfil eletroforético normal, sempre acompanhado do aumento percentual de A_2, podendo ou não estar presente a HbF.

Veja a seguir, o procedimento a ser desenvolvido:

Preparo do hemolisado

1. Obter 5 mℓ de sangue tratado com oxalato de sódio, heparina ou EDTA;
2. Centrifugar e remover o plasma;
3. Lavar as hemácias 3 vezes com solução salina (0,9%);
4. Adicionar para cada mℓ de papa de hemácias, 3 mℓ de água deionizada e homogenizar;
5. Adicionar 0,5 mℓ de clorofórmio ou tetracloreto de carbono a cada 2 mℓ da mistura anterior (item 4), para extração do estroma das hemácias hemolisadas;
6. Agitar vigorosamente por 2 min;
7. Centrifugar a 3.000 rpm por 10 min;
8. Remover o hemolisado límpido (caso o hemolisado se apresente turvo, repetir a partir do item 5).
9. Centrifugar para retirar possível estroma remanescente.

Eletroforese de Hb

1. Colocar 120 mℓ de tampão Tris pH = 9,5 gelado na cuba — 60 mℓ de cada lado;
2. Aplicar 1,0 µℓ de hemolisado no gel alcalino de agarose;
3. Colocar o gel de agarose na cuba, coincidindo lado (+) com (+) e (−) com (−);
4. Tampar a cuba e deixar 20 min a 150 volts;
5. Desligar a cuba e retirar com cuidado o gel de agarose, colocando-o voltado para cima sobre uma folha de papel de filtro para eliminar o excesso de tampão das bordas;
6. Mergulhar o gel de agarose em 200 mℓ de corante (negro de amido), por 10 min, sem agitação;
7. Retirar o gel de agarose do corante e colocar em 200 mℓ de ácido acético (descolorante) por 30 segundos;
8. Retirar o excesso de descolorante do gel de agarose e secá-lo utilizando jato de ar até que fique completamente seco;
9. Colocar o gel de agarose em banhos sucessivos de descolorante, até o fundo ficar transparente;
10. Secar novamente, utilizando jato de ar, e proceder à interpretação.

Nota. A quantificação poderá ser realizada por densitometria ou pelo método de eluição, mas não é o objetivo desta atividade prática.

▸ Resultados e conclusão

Verifique os exemplos apresentados na Figura 3.3 e interprete seus resultados:

Na Foto 1, a Hb AA é normal, a Hb AA_2 aumentada é sugestiva de talassemia beta menor, a Hb AS é o traço falcêmico e a Hb SS é a anemia falciforme.

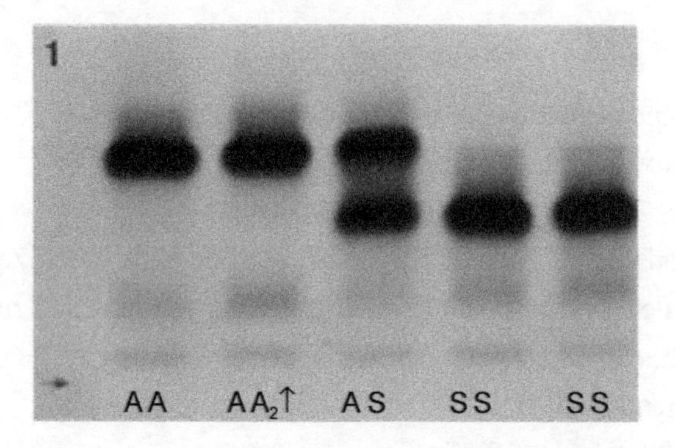

Na Foto 2, a Hb CC é dita Hb C homozigota, a Hb SC é descrita como doença falciforme SC, a Hb AS é o traço falcêmico, a Hb AH é a talassemia alfa e a Hb AC é a heterozigose C.

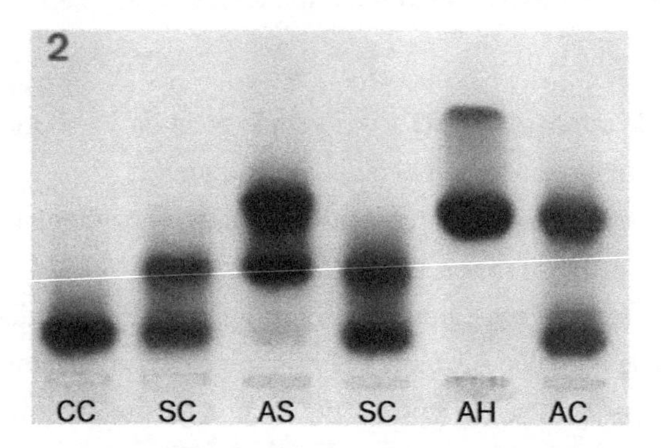

Figura 3.3 Fotos 1 e 2. Diversos perfis eletroforéticos de hemoglobinas. (Retirado de Naoun em — *http://www.hemoglobinopatias.com.br/dialab/dialab-index.htm.*)

A anemia falciforme (homozigotos SS) é uma hemoglobinopatia caracterizada pela substituição do ácido glutâmico da posição beta 6 pela valina, mudança que determina alterações das propriedades físico-químicas da molécula de hemoglobina S, principalmente na sua forma desoxigenada. A baixa solubilidade da desoxiemoglobina S é a causa principal da agregação de suas moléculas em longos polímeros, que fazem com que as hemácias assumam a forma de foice, daí o nome de anemia falciforme. Embora o processo de falcização possa ser reversível com a reoxigenação, a repetição do fenômeno pode levar algumas células a apresentarem lesões de membrana e permanecerem irreversivelmente falcizadas, com destruição do sistema retículo-endotelial, levando ao quadro de anemia hemolítica crônica, além dos fenômenos vasoclusivos que ocasionam dor, necrose e infarto em diversos órgãos.

Os heterozigotos do gene da hemoglobina S, portadores do traço ou estigma falciforme, apresentam um percentual de 22 a 45% de hemoglobina anômala, em relação à hemoglobina total. De acordo com Ramalho (1986), as hemácias dos indivíduos heterozigotos têm a capacidade de se tornar falciformes, embora para tanto devam ser submetidas a menores tensões de oxigênio do que as hemácias de pacientes homozigotos. As complicações clínicas agudas nesses casos, embora raras, muitas vezes podem ser fatais, estando geralmente associadas a mudanças bruscas de altitude, esforço físico excessivo, insuficiência respiratória, entre outros fatores relacionados com a hipoxia e/ou acidose grave.

A doença da hemoglobina C também é uma hemoglobinopatia estrutural, uma vez que a hemoglobina C apresenta em suas cadeias beta o ácido glutâmico da posição 6 substituído pela lisina. Assim, os homozigotos CC apresentam geralmente uma anemia hemolítica moderada, muitas vezes acompanhada de esplenomegalia, icterícia, além de dores ósseas e abdominais. A fisiopatologia da doença da hemoglobina C é explicada pela tendência à formação de cristais intraeritrocitários, que tornam as hemácias mais rígidas e mais sujeitas à destruição. Já os heterozigotos AC, totalmente assintomáticos, apresentam um percentual de 25 a 40% de hemoglobina anômala em relação à hemoglobina total.

Finalizando os comentários sobre as hemoglobinopatias estruturais, cabe salientar que em regiões onde se verifica a presença simultânea de heterozigotos AS e AC, surge uma outra hemoglobinopatia, denominada SC. Nas populações negroides do Sul e do Sudeste do Brasil, a incidência de indivíduos SC é estimada em 0,03%, ocupando, portanto, o segundo lugar entre as síndromes falcêmicas em nosso meio (Ramalho, 1986). As manifestações clínicas desta hemoglobinopatia são necroses assépticas da cabeça do fêmur, hemorragias na retina, episódios pulmonares agudos, entre outros, além das dores articulares que são, sem dúvida, as principais.

A mais importante hemoglobinopatia por deficiência de síntese em nosso meio é a talassemia beta, que foi introduzida em nosso país pelos imigrantes italianos que vieram para o Sul e o Sudeste do Brasil. Embora a talassemia beta também seja frequente em descendentes de sírios, judeus, gregos e chineses, a frequência de heterozigotos do traço talassêmico beta é estimada em 6,4% entre os descendentes não miscigenados italianos, enquanto atinge a cifra de 1% na população caucasoide paulista em geral (Ramalho, 1986). A talassemia beta é uma entidade genética heterogênea, podendo ser causada por cerca de 135 tipos diferentes de mutações (Huisman, 1992). Na região de Campinas, 97% dos casos de talassemia beta são ocasionados pelas mutações Beta-zero-39, Beta-IVS1 a 110, Beta-IVS1 a 6 e Beta-IVS1 a 1 (Martins, 1993). Dentre estas, apenas a mutação Beta-IVS1 a 6 está associada a uma forma benigna da talassemia, sendo as demais classificadas como clinicamente graves.

A talassemia maior ou anemia de Cooley, condição homozigota do gene, caracteriza-se por uma anemia hemolítica crônica grave, que leva a alterações no crescimento e desenvolvimento do indivíduo, além de alterações ósseas típicas, hepatomegalia e esplenomegalia. O prognóstico da talassemia maior é geralmente reservado, exige transfusões sanguíneas repetidas, vindo o paciente a falecer, muitas vezes, ainda na infância. O traço talassêmico beta é a manifestação heterozigota do gene, podendo manifestar-se em alguns casos por uma anemia hemolítica moderada, esplenomegalia e hepatomegalia. Esta condição, relativamente rara, é denominada talassemia intermediária. Em outros casos mais frequentes, na talassemia menor, os indivíduos são oligossintomáticos e manifestam uma anemia leve ou moderada. A condição assintomática, também verificada, é referida como talassemia mínima. O aparecimento dos sintomas parece estar relacionado com períodos de estresse e/ou sobrecarga pelos quais os heterozigotos passam. É importante comentar que tal sintomatologia pode ser evitada ou atenuada nesses indivíduos pelo tratamento adequado com ácido fólico (Ramalho, 1986).

▸Questões

1. Quais as hemoglobinopatias mais frequentes na população brasileira?
2. Como é possível diferenciar uma talassemia beta de uma hemoglobinopatia C?

4

Lipoproteinograma

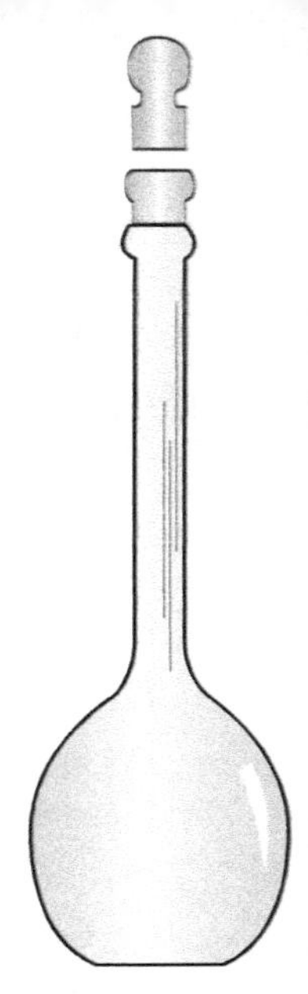

▸ Introdução

As lipoproteínas são associações entre lipídios e proteínas denominadas apolipoproteínas (apos). As apos têm diversas funções no metabolismo das lipoproteínas, como a formação intracelular das partículas lipoproteicas (p. ex., apos B100 e B48), atuação como ligantes a receptores de membrana (p. ex., apos B100 e E) ou como cofatores enzimáticos (p. ex., apos CII, CIII e AI). As lipoproteínas possuem a função de transportar os lipídios no plasma (triglicerídeos e colesterol) dos seus locais de origem — do intestino (exógena) e do fígado (endógena) para os locais de armazenamento e utilização, uma vez que estes são insolúveis em água. A fração lipídica das lipoproteínas é muito variável, e permite a classificação das mesmas em quatro classes separadas em dois grupos, de acordo com sua densidades e sua mobilidade eletroforética.

Grupo 1: ricas em triacilglicerol (TG), maiores e menos densas, representadas pelos quilomícrons (QM) e pelas lipoproteínas de densidade muito baixa (VLDL, do inglês *very low density lipoprotein*).

QM: são produzidos no intestino a partir do produto da digestão lipídica, após serem absorvidos pelas células intestinais, particularmente os ácidos graxos. São utilizados na produção de QM, que também contêm ApoB48. Transportam TG e colesterol de origem exógena para os músculos e para o tecido adiposo, não sendo observados em amostras obtidas após jejum.

VLDL: são formadas no fígado a partir de lipídios de origem endógena. Contribuem para a turvação do plasma, devido a seu grande conteúdo de TG e contêm a ApoB100 como principal. Sua montagem requer a ação de uma proteína de transferência de TG microssomal (MTP, do inglês *microsomal triglyceride transfer protein*), responsável pela transferência dos TG para a ApoB. A montagem hepática da VLDL tem sido reconhecida como foco terapêutico no tratamento da hipercolesterolemia, seja pela inibição da síntese de ApoB100, seja pela inibição da MTP.

Grupo 2: ricas em colesterol, incluindo as LDL (lipoproteína de baixa densidade, do inglês *low density lipoprotein*) e as HDL (lipoproteína de alta densidade, do inglês *high density lipoprotein*).

LDL: formada pela degradação dos QM e da VLDL pela lipase lipoproteica dos capilares do tecido adiposo e da musculatura esquelética, tem um conteúdo apenas residual de TG sendo composta principalmente de colesterol e uma única apo, a ApoB100. São pequenas e densas o suficiente para se ligarem às membranas do endotélio sendo por isso relacionadas com a aterosclerose e doenças cardiovasculares.

HDL: são as lipoproteínas de maior densidade, sintetizadas predominantemente no fígado e que contêm maior teor de proteínas principalmente as apos AI e AII. Responsável pelo transporte reverso do colesterol, ou seja, transporte do colesterol endógeno de volta para o fígado. Níveis elevados de HDL estão associados a baixos índices de doenças cardiovasculares e à diminuição do risco de infarto agudo do miocárdio.

Existe ainda uma classe de lipoproteínas de densidade intermediária (IDL) que é formada na transformação de VLDL em LDL (do inglês *intermediary density lipoprotein*) e a lipoproteína (a) — Lp(a), que resulta da ligação covalente de uma partícula de LDL à Apo(a). A função fisiológica da Lp(a) não é conhecida, mas estudos revelam sua associação à formação e progressão da placa aterosclerótica. A **VLDL** e a **IDL** transportam TG e colesterol endógenos do fígado para os tecidos. Na medida em que perdem TGs, podem coletar mais colesterol e tornarem-se LDL.

Na separação eletroforética do soro de jejum podem ser observadas três frações distintas: pré-β, β e α. A velocidade de migração eletroforética está diretamente relacionada com o conteúdo de lipídios e proteínas presente em cada uma das lipoproteínas (ver Tabela 4.1).

TABELA 4.1

Distribuição de lipídios e proteínas nas lipoproteínas.

Lipoproteína	Apolipoproteína %	Colesterol %	Éster de colesterol %	Fosfolipídio %	Triglicerídeo %
QM	2	2	3	7	86
VLDL	8	7	12	18	55
IDL	19	8	29	19	23
LDL	22	8	42	22	6
HDL	50	2	15	25	3

Os quilomícrons são as lipoproteínas de maior conteúdo lipídico e menor conteúdo proteico e, na eletroforese, mostram pequenas ou nenhuma mobilidade, permanecendo no ponto de aplicação da amostra. A LDL (β) ocupa a posição de menor migração depois dos quilomícrons, seguida pela VLDL (pré-β) e pela HDL (α), a lipoproteína de maior velocidade de migração. A Figura 4.1 apresenta um esquema da separação das lipoproteínas por eletroforese.

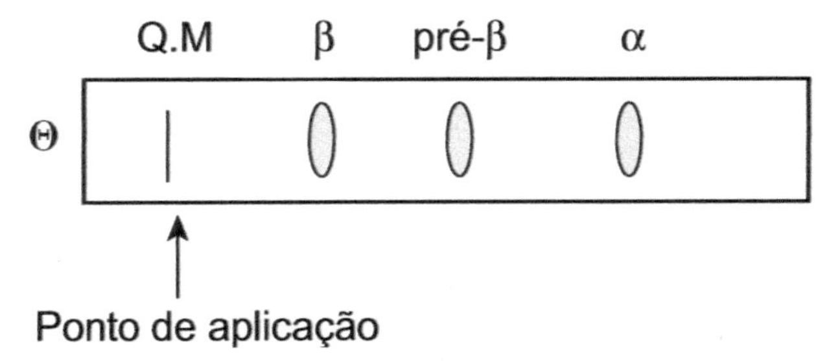

Figura 4.1 Frações eletroforéticas obtidas a partir da separação de lipoproteínas do soro.

Como visto anteriormente, as lipoproteínas podem ser formadas a partir de lipídios de origem endógena ou exógena. Os locais envolvidos na produção são: intestino, fígado e tecido

TABELA 4.2

Caracterização das lipoproteínas quanto ao local de produção, transporte de lipídios e frações eletroforéticas.

	QM	VLDL	LDL	IDL	HDL
Local de produção	REL Parede intestinal	Fígado	Degradação de QM e VLDL pela lipase lipoproteica (capilares do tecido adiposo e mm. esqueléticos)	Formada na transformação de VLDL em LDL (capilares do tecido adiposo e mm. esqueléticos)	Fígado e intestino
Principais lipídios que transportam	TG da dieta	TG endógeno	Ésteres de colesterol endógeno	Ésteres de colesterol	Ésteres de colesterol endógeno
Frações na eletroforese	–	Pré-β	β	–	α

adiposo. A Tabela 4.2 resume o local de produção das lipoproteínas, os principais lipídios por elas transportados e a fração eletroforética a qual pertencem.

▸ Atividade prática: lipoproteinograma

▸ Objetivos

Executar a separação das frações lipoproteicas séricas e interpretá-las.

▸ Materiais e método

Materiais

- Cuba e fonte de eletroforese
- Fitas de gel de agarose
- Papel de filtro
- Placas de Petri (cerca de 15 a 20 cm de diâmetro)
- Pinça metálica
- Estufa ou secador de cabelos
- Cronômetro.

Reagentes*

- Tampão Tris-HCl pH = 9,5
- Corante — Fat red — cora em vermelho as lipoproteínas
- Descorante — metanol a 70%
- Glicerol 2%.

*Veja em *Preparo de Soluções,* no Apêndice.

Método

O princípio do método é o seguinte: em pH 9,5 os grupos ácidos das lipoproteínas do sangue se dissociam formando íons de carga negativa que podem ser separados por eletroforese. Vários componentes lipoproteicos de uma mistura, como o soro, em pH acima e abaixo de seus pI, migram em velocidades variáveis em tal solução, porque possuem diferentes cargas elétricas na superfície da partícula. As lipoproteínas tenderão a separar-se em camadas distintas devido à ionização destes grupos e seus constituintes lipídicos.

Veja a seguir o procedimento a ser desenvolvido:

1. Colocar 120 mℓ de tampão na cuba — 60 mℓ de cada lado.
2. Separar o gel de agarose da placa de acrílico.
3. Aplicar o soro nas canaletas verticais em frente ao número da placa do gel de agarose com um microcapilar.
4. Colocar o gel de agarose na cuba, voltado para baixo, coincidindo o lado (+) do gel com o (+) da cuba e o (–) do gel com o (–) da cuba.
5. Tampar a cuba, ligar, verificar se há formação de bolhas nos cantos (indicam passagem da corrente elétrica) e deixar por 14 min a 100 volts.
6. Desligar a cuba.
7. Retirar o gel de agarose da cuba, eliminando o excesso de tampão das bordas com papel de filtro. Secar completamente o gel utilizando jato de ar (secador de cabelo).
8. Mergulhar o gel, voltado para cima, em 200 mℓ de corante Fat red por 3 min (SEM AGITAR).
9. Retirar o gel de agarose com uma pinça do corante e colocá-lo, sempre voltado para cima, em 200 mℓ, lavando com metanol 70% e em seguida com glicerol 2%.
10. Retirar o excesso de descorante do gel de agarose e colocar a 60°C (usar estufa ou jato de ar), até que o mesmo fique completamente SECO.
11. Proceder à análise qualitativa.

▸ Resultados e conclusão

A análise qualitativa possibilita identificar as frações eletroforéticas presentes no lipoproteinograma. Com base no esquema de migração eletroforética apresentado na Figura 4.1, identificar e montar um esquema das frações das lipoproteínas.

⊖ ⊕

Aplicação

A quantificação das frações pode ser realizada por densitometria ou por eluição. A eluição é feita utilizando-se 5 mℓ de acetato de etila e metanol (1:1, v/v). As leituras são realizadas em 530 nm, zerando com o eluente. Após a eluição, é necessário fazer os cálculos para a determinação quantitativa das frações da seguinte forma (exemplo hipotético):

Leituras de absorbância obtidas

$$\begin{aligned} \alpha &= 0{,}02 \\ \text{pré-}\beta &= 0{,}08 \\ \beta &= \underline{0{,}10} \\ & \quad 0{,}20 \end{aligned}$$

Efetuar o cálculo das porcentagens para cada fração

para a α:

0,02	x	
0,20	100%	x = 10%

para a pré-β:

0,08	x	
0,20	100%	x = 40%

para a β:

0,10	x	
0,20	100%	x = 50%

Densitograma das lipoproteínas plasmáticas. Aspectos quantitativos

A Figura 4.2 apresenta um densitograma com o perfil eletroforético normal das lipoproteínas plasmáticas acompanhado de seus valores de referência.

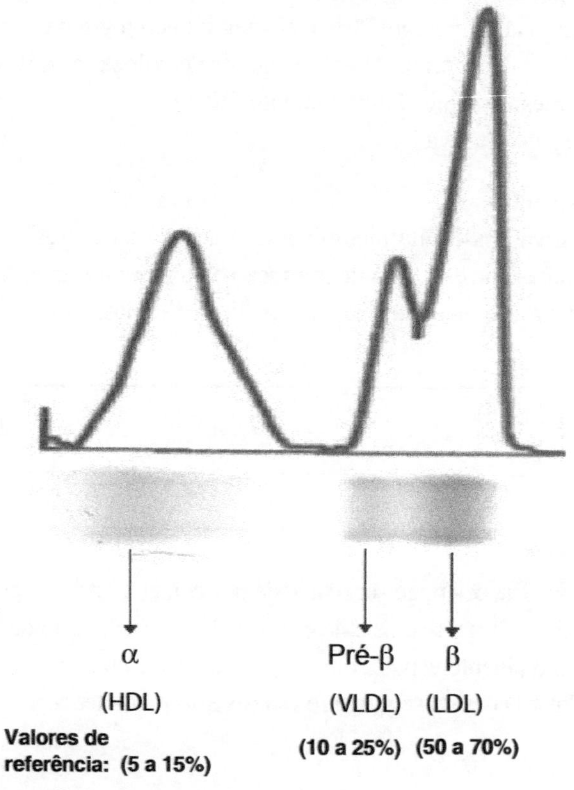

Figura 4.2 Densitograma e perfil eletroforético das lipoproteínas.

Na Tabela 4.3 apresentamos a caracterização do perfil eletroforético do soro normal e nos diversos tipos de alterações lipoproteicas, a fim de auxiliar a interpretação dos resultados. Já na Figura 4.3 são mostrados os traçados densitométricos das frações de lipoproteínas alfa, pré-beta e beta nas lipoproteinemias dos tipos 1, 2a, 2b, 3, 4 e 5 (traçados tracejados), em comparação com o traçado normal.

TABELA 4.3

Perfil eletroforético do soro normal e das alterações nos diversos tipos conforme classificação de Fredrickson.

Tipos	Aspecto do soro após 24 h de geladeira	Lipoproteína elevada
Normal	Límpido	Nenhuma
Hiperquilomicronemia – I	Camada superior leitosa	QM
Hiperbetalipoproteinemia – II a	Transparente	LDL
Hiperbetalipoproteinemia – II b	Turvo	LDL e VLDL
Lipoproteinemia-betalarga – III	Turvo	VLDL-LDL (bandas unidas)
Hiperlipemia endógena – IV	Turvo	VLDL
Hiperlipemia mista – V	Camada superior cremosa e inferior turva	VLDL e QM

Fonte: adaptada das Diretrizes Brasileiras sobre Dislipidemias.

▸ Questões

1. Qual a importância clínica do aumento da LDL e da HDL?
2. Quais são os dois fatores que interferem diretamente na migração eletroforética das lipoproteínas?

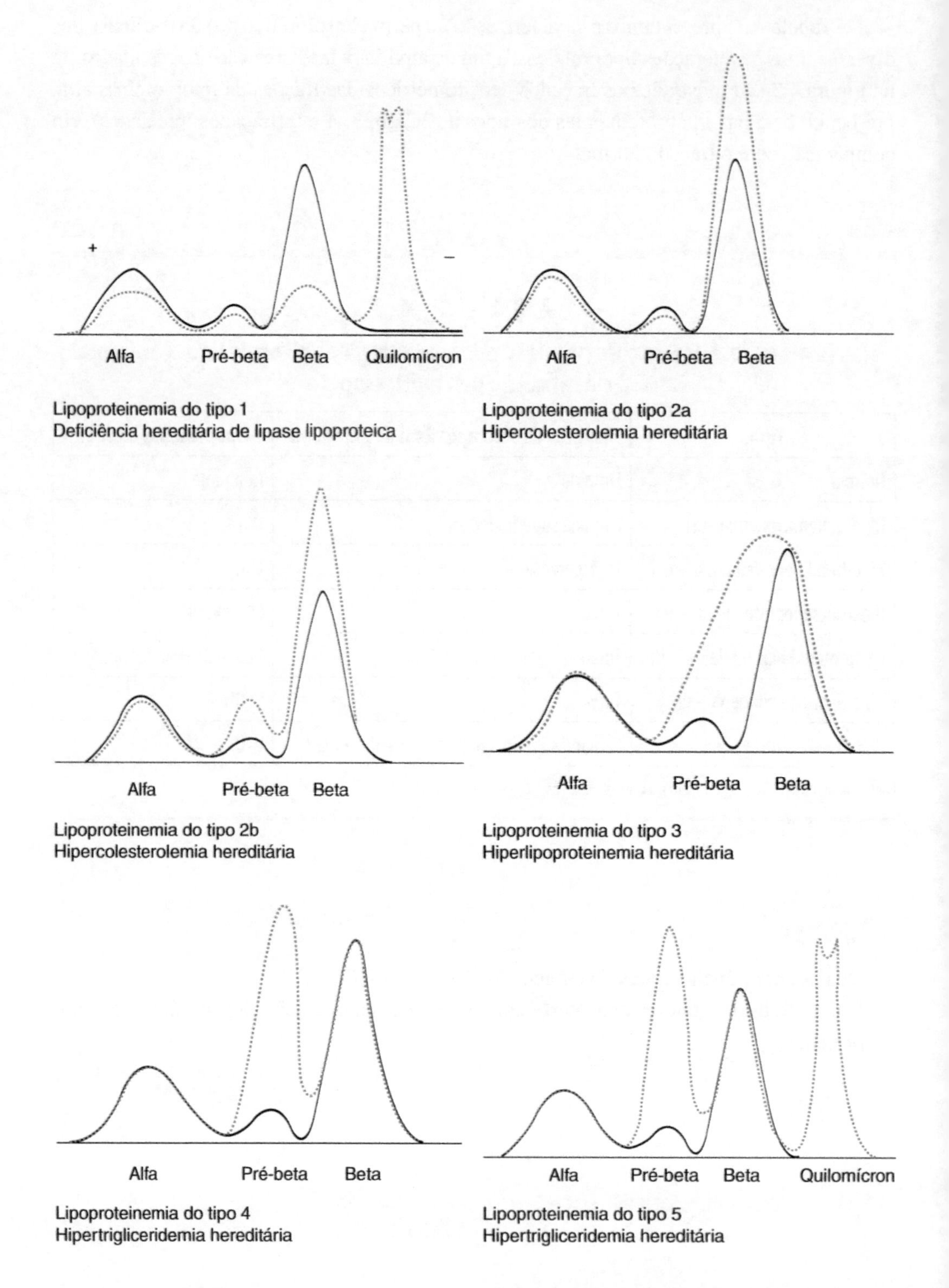

Figura 4.3 Traçados densitométricos das frações de lipoproteínas alfa, pré-beta e beta nas lipoproteinemias dos tipos 1, 2a, 2b, 3, 4 e 5 (traçados tracejados), em comparação com o traçado normal. (Retirado de *Eletroforese em Agarose Geral*. São Paulo: Celm, 1999.)

5

Espectrofotometria

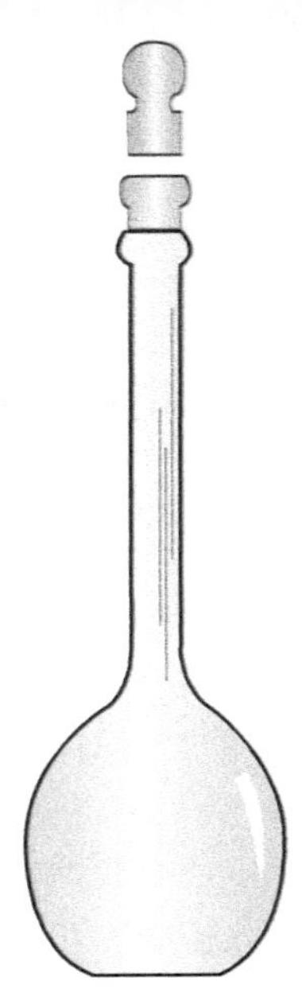

▸ Introdução

O conhecimento da absorção de luz pela matéria é a forma mais usual de determinar a concentração de compostos presentes em solução. A maioria dos métodos utilizados em bioquímica clínica envolve a determinação espectrofotométrica de compostos corados (cromóforo) obtidos pela reação entre o composto a ser analisado e o reagente (reagente cromogênico), originando um produto colorido. Os métodos que se baseiam nesse princípio são denominados métodos colorimétricos, os quais geralmente são específicos e muito sensíveis. A grande vantagem em utilizar compostos coloridos deve-se ao fato de eles absorverem luz visível (região visível do espectro eletromagnético).

A espectrofotometria — medida de absorção ou transmissão de luz — é uma das mais valiosas técnicas analíticas amplamente utilizadas em laboratórios de área básica, bem como em análises clínicas. Por meio da espectrofotometria, componentes desconhecidos de uma solução podem ser identificados por seus espectros característicos ao ultravioleta, visível, ou infravermelho.

Quando um feixe de luz monocromática atravessa uma solução com moléculas absorventes, parte da luz é absorvida pela solução e o restante é transmitido. A absorção de luz depende basicamente da concentração das moléculas absorventes e da espessura da solução – caminho óptico (veja Figura 5.1).

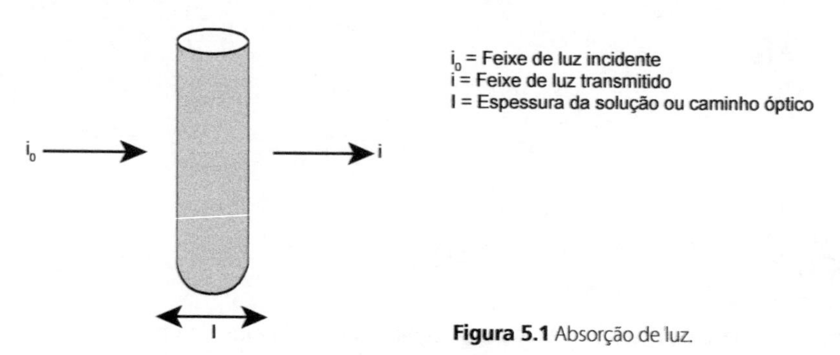

Figura 5.1 Absorção de luz.

▸ Natureza da cor

A intensidade da cor de uma solução é proporcional à concentração das moléculas absorventes de luz. Quanto mais concentrada for a solução, maior será a absorção de luz. Por outro lado, a cor da solução é determinada pela cor da luz transmitida (Veja a Figura 5.2).

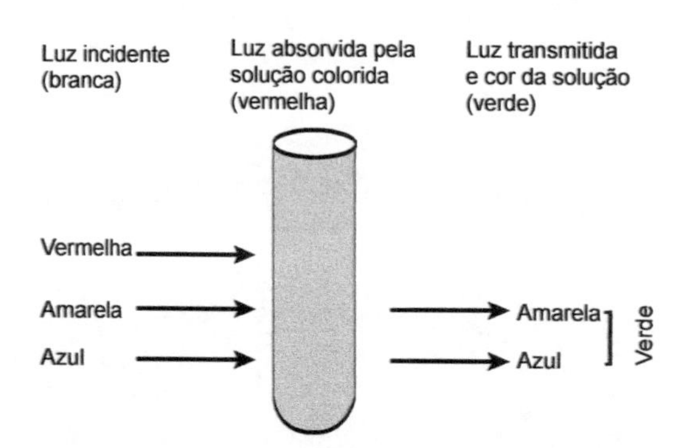

Figura 5.2 Por que as soluções são coloridas.

Concluindo, uma solução aparece como branca porque transmite luzes de todas as cores; quando absorve luzes de todas as cores, a solução é preta. Finalmente, a solução é verde quando absorve luz vermelha e transmite luz verde (amarelo + azul), a qual é denominada luz complementar. A Tabela 5.1 relaciona a cor da luz com a cor da luz complementar.

TABELA 5.1

Relação entre a cor da luz e o comprimento de onda.

Comprimento de onda (λ)	Cor absorvida	Cor complementar
Abaixo de 380	Ultravioleta	
380 a 435	Violeta	Verde-amarelado
435 a 480	Azul	Amarelo
480 a 490	Azul-esverdeado	Alaranjado
490 a 500	Verde-azulado	Vermelho
500 a 560	Verde	Púrpura
560 a 580	Verde-amarelado	Violeta
580 a 595	Amarelo	Azul
595 a 650	Alaranjado	Azul-esverdeado
650 a 780	Vermelho	Verde-azulado
Acima de 780	Infravermelho	

▸ Absorção de luz pela matéria e escolha do melhor comprimento de onda

A luz é uma forma de radiação eletromagnética que possui características de onda e de partícula (fóton). O movimento ondulatório é caracterizado pelo comprimento de onda (λ), o qual corresponde à distância linear entre duas cristas, medido em nanômetros (nm), que corresponde a 10^{-9} m.

O conteúdo energético da luz é inversamente proporcional ao comprimento de onda, de tal forma que a luz violeta de $\lambda = 380$ nm é bem mais energética do que a luz vermelha de $\lambda = 700$ nm. Dentro do exposto podemos dizer que a luz é constituída de partículas de energia denominadas fótons, em que o conteúdo energético está intimamente relacionado com o comprimento de onda.

A absorção de luz pela matéria envolve a incorporação da energia contida no fóton à estrutura das moléculas absorventes. Quando isso acontece, as moléculas absorventes passam do estado fundamental (estado energético mais baixo) para o estado excitado (estado energético mais alto). Contudo, a duração do estado excitado normalmente é breve, e a molécula retorna ao estado fundamental após aproximadamente 10^{-8} segundos. Geralmente, o retorno ao estado fundamental libera energia na forma de calor.

Portanto, quando um feixe de luz monocromática atravessa uma solução que contém moléculas absorventes, parte das ondas eletromagnéticas estaria sendo absorvida pelas moléculas presentes na solução, assumindo o estado excitado, as quais retornariam a seguir ao estado fundamental, liberando a energia na forma de calor (veja Figura 5.3).

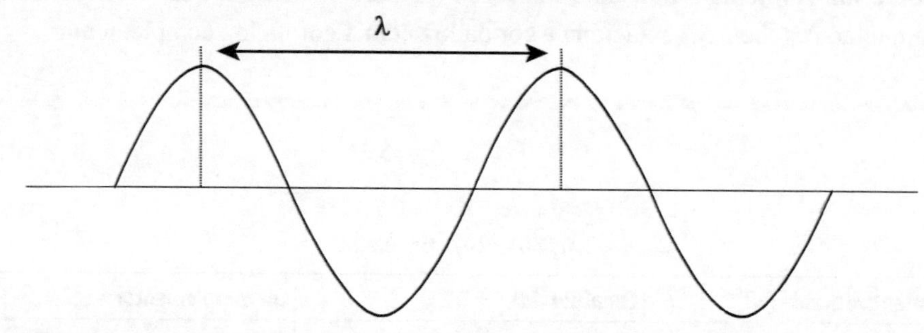

Figura 5.3 Onda eletromagnética.

O fenômeno de absorção implica que o conteúdo energético do fóton seja igual à quantidade de energia necessária para que a molécula ou átomo passe do estado fundamental para o excitado. Quando o conteúdo energético do fóton for maior ou menor do que a quantidade de energia necessária para o composto passar do estado fundamental para o excitado, o fenômeno de absorção não ocorre.

Assim, deve-se utilizar um feixe de luz monocromática de comprimento de onda adequado, capaz de excitar o composto estudado, nos métodos de dosagem colorimétrica. O procedimento para escolha do melhor comprimento de onda é simples e consiste em submeter uma solução a feixes de luzes monocromáticas de diferentes comprimentos de onda e verificar qual deles é mais absorvido pela solução.

▸ Lei de Lambert-Beer

As leis de Lambert e Beer são o fundamento da espectrofotometria. Elas são tratadas simultaneamente, processo no qual a quantidade de luz absorvida ou transmitida por uma determinada solução depende da concentração do soluto e da espessura da solução (1).

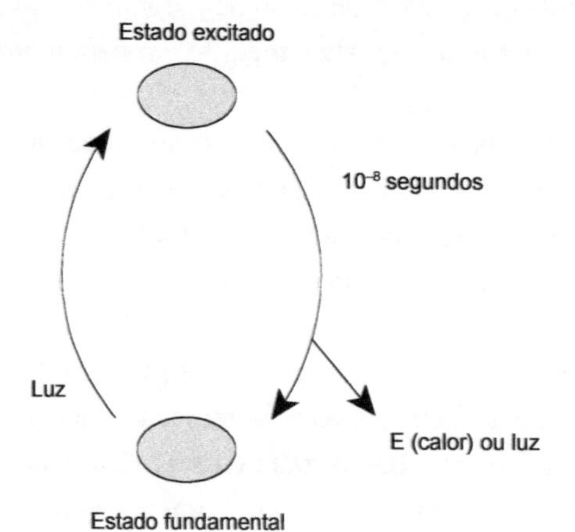

Figura 5.4 Absorção de luz pela matéria.

A lei de Lambert-Beer pode ser expressa matematicamente pela relação:

$$T = e^{-\alpha \times l \times c}$$

Onde:
T = Transmitância
e = Exponencial
a = Constante
l = Espessura da solução
c = Concentração da solução (cor)

Convertendo a equação para forma logarítmica:

$$-ln\ T = \alpha \times l \times c$$

Utilizando-se logaritmo na base 10, o coeficiente de absorção é convertido no coeficiente de extinção K.

assim: $-\log T = K \times l \times c$

em que: $K = \alpha/2.303$.

As determinações das concentrações de compostos, o "l" (caminho óptico), são mantidas constantes e têm grande importância para os bioquímicos, portanto:

$-\log T = K' \times c$

em que: $K' = K \times l$

O $-\log (I/I_0)$ foi denominado densidade óptica (DO) ou absorbância (A). Portanto, $A = K' \times c$.

A relação entre A e a concentração da solução é linear crescente, conforme mostrado na Figura 5.5.

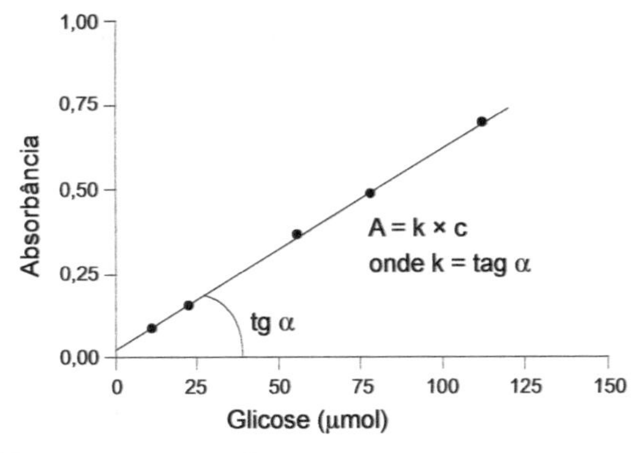

Figura 5.5 Curva de absorbância *versus* concentração.

Comparando com a equação da reta tem-se: $y = a \times x + b$; $A = K' \times C + 0{,}02$.

▸ Desvios da Lei de Lambert-Beer

Nem todas as reações colorimétricas seguem a lei de Lambert-Beer, sendo esta válida para condições restritas, em que:

- A luz utilizada é aproximadamente monocromática;
- As soluções a serem analisadas estejam diluídas (baixas concentrações);
- Não devem estar presentes na mesma solução mais de uma substância absorvente de luz;

- O aumento da concentração da substância analisada não altera as características químicas do meio. A principal causa de desvios da lei é a utilização de soluções concentradas. Essa observação pode ser ilustrada pelo gráfico da Figura 5.6, no qual o aumento na concentração é acompanhado pelo aumento crescente e proporcional de A, até um ponto-limite. A partir deste ponto (soluções concentradas), deixa de existir a proporcionalidade linear entre os valores (ver Figura 5.6).

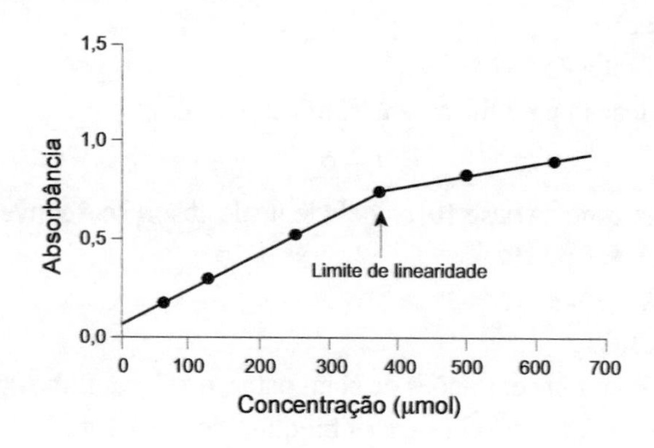

Figura 5.6 Gráfico de A em função da concentração.

Limite de linearidade representa o limite de concentração para a qual a lei de Lambert-Beer é válida.

Para concentrações superiores ao limite de linearidade observado no desvio da lei de Lambert-Beer, deixa de existir a proporcionalidade linear entre concentração e absorbância.

▸ Espectrofotômetro

O espectrofotômetro é um instrumento utilizado para determinar os valores de transmitância (luz transmitida) e absorbância (luz absorvida) de uma solução em um ou mais comprimentos de onda.

Componentes do espectrofotômetro

Alguns componentes são comuns a todos os espectrofotômetros, como é verificado a seguir. A luz, habitualmente fornecida por uma lâmpada, é fracionada pelo prisma (monocromador) nos comprimentos de onda que a compõem (luzes monocromáticas). O comprimento de onda selecionado é dirigido para a solução contida em um recipiente transparente (cubeta). Parte da luz é absorvida e parte é transmitida. A redução da intensidade luminosa é medida pelo detector (célula fotelétrica) porque o sinal elétrico de saída do detector depende da intensidade da luz que incidiu sobre ele. O sinal elétrico — amplificado e visualizado no galvanômetro em números puros (veja Figura 5.7) — é lido como uma absorbância e é proporcional à concentração da substância absorvente existente na cubeta.

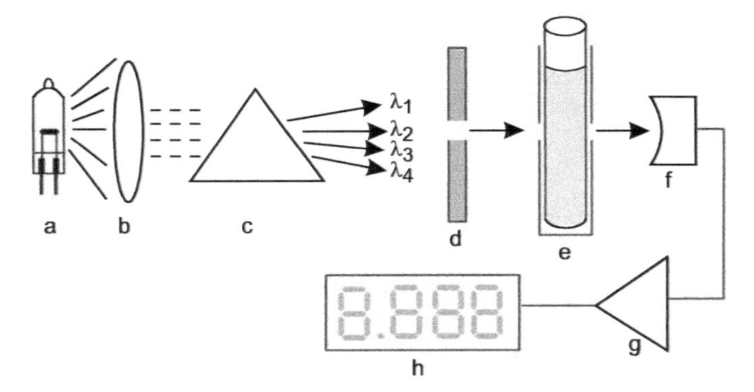

Figura 5.7 Esquema óptico dos principais componentes do espectrofotômetro. As letras representam: (a) fonte de luz, (b) colimador, (c) prisma, (d) fenda seletora de λ (e) compartimento de amostras com cubeta contendo solução, (f) célula fotelétrica, (g) amplificador e (h) mostrador digital.

▸ Espectro de absorção ou curva de absorção

Quando uma solução de um dado composto é submetida a leituras de absorbância ao longo de uma faixa de comprimentos de onda eletromagnética, passamos a ter informações referentes à capacidade do composto em absorver luz. A representação gráfica dos valores de comprimento de onda (λ) *versus* absorbância é denominada espectro de absorção.

Como a interação da luz com a matéria depende da estrutura química dos compostos, o espectro de absorção é uma forma de caracterização que permite verificar qual a faixa de comprimento de onda em que um dado composto apresenta sua maior afinidade de absorção.

Embora dois ou mais compostos possam absorver luz dentro da mesma faixa de comprimento de onda, isso não invalida a especificidade do método, pois, normalmente, esta não reside no espectro de absorção. Contudo, a sensibilidade do método depende da escolha do melhor comprimento de onda eletromagnética para leituras espectrofotométricas, pois só assim poderemos detectar o composto em baixas concentrações.

▸ Curva de absorção para antipirilquinonimina

A antipirilquinonimina é o pigmento vermelho formado na reação de oxidação da glicose pelo método da glicose oxidase (GOD-ANA), o qual é frequente em laboratórios de análises clínicas para determinação da concentração de glicose no sangue. Como a quantidade de antipirilquinonimina formada na reação é diretamente proporcional à quantidade de glicose, ao determinar a concentração do pigmento, estaremos determinando a concentração de glicose.

Assim, uma pequena quantidade de glicose foi oxidada, com a finalidade de obter a antipirilquinonimina em solução, a qual foi submetida a leituras espectrofotométricas em diferentes comprimentos de onda eletromagnética.

Os resultados das leituras espectrofotométricas estão resumidos na Figura 5.8. Os dados de comprimento de onda (λ) *versus* absorbância foram utilizados na elaboração da curva de absorção.

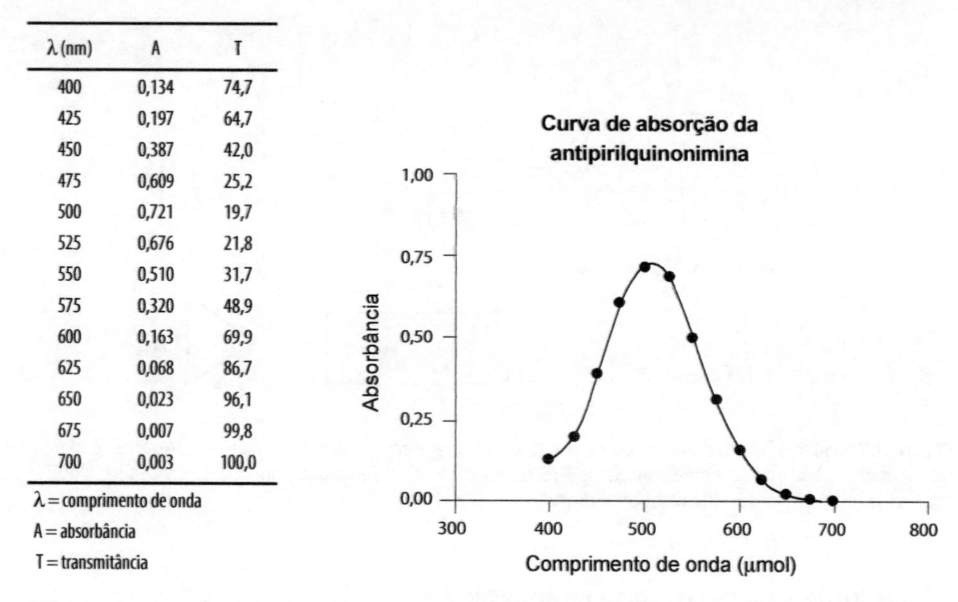

λ (nm)	A	T
400	0,134	74,7
425	0,197	64,7
450	0,387	42,0
475	0,609	25,2
500	0,721	19,7
525	0,676	21,8
550	0,510	31,7
575	0,320	48,9
600	0,163	69,9
625	0,068	86,7
650	0,023	96,1
675	0,007	99,8
700	0,003	100,0

λ = comprimento de onda
A = absorbância
T = transmitância

Figura 5.8 Representação da escolha do melhor comprimento de onda através da curva de antipirilquinonimina.

Para efeito comparativo, seria conveniente construir uma curva de transmissão, ou seja, um gráfico de comprimento de onda *versus* transmitância.

Por outro lado, o valor de melhor comprimento de onda para antipirilquinonimina encontrado na literatura é de 505 nm, sendo recomendada a faixa de comprimento de onda de 490 a 540 nm como aceitável do ponto de vista de sensibilidade para medidas espectrofotométricas.

O melhor comprimento de onda para uma determinada solução é aquele no qual há maior absorção e, portanto, menor transmissão de luz; ou seja: *maior absorbância e menor transmitância.*

▸ Curva-padrão, curva de calibração ou curva de referência

A curva-padrão corresponde à relação gráfica entre os valores de absorbância (A) e os de concentração. Com base na análise gráfica é possível verificar a linearidade da reação e calcular um fator de conversão de valores de absorbância em concentração.

Inicialmente, verificamos no espectrofotômetro a absorbância (A) das soluções cujas concentrações sejam conhecidas, por exemplo:

Tubos	Solução X (mg/dℓ)	A
1	0,1	0,15
2	0,2	0,30
3	0,3	0,46
4	0,4	0,60
5	0,5	0,75
6	?	0,27

Com os dados obtidos foi construído o seguinte gráfico:

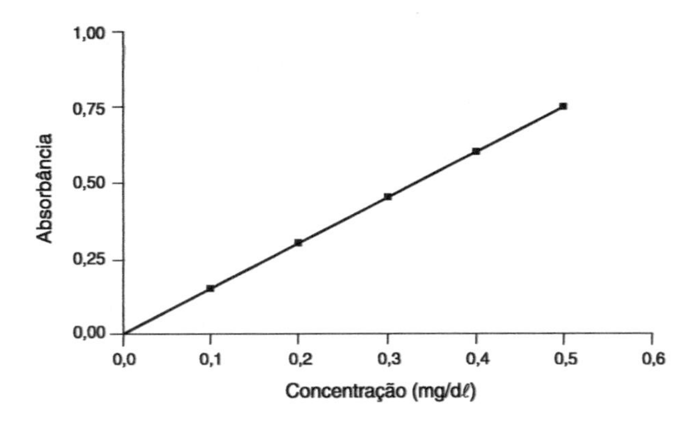

Se tivermos uma solução b (tubo 6) de concentração desconhecida, verificando-se no espectrofotômetro sua absorbância, temos condições de calcular a sua concentração por meio do gráfico.

Para tanto, calcula-se a inclinação da reta para obtermos o valor de K:

$$A = K \times C$$

Em que:
Inclinação = K
Inclinação = tg *a*

$$\text{Inclinação} = \frac{\text{Cateto oposto}}{\text{Cateto adjacente}}$$

K = 1,5

Portanto, A = 1,5 × C, sendo a solução b (tubo 6) de concentração desconhecida e sua absorbância igual a 0,27, temos que:

$$0{,}27 = 1{,}5 \times C, \text{ portanto } C = 0{,}18 \text{ mg/d}\ell.$$

É possível, ainda, obter a concentração a partir de um fator = F.

O valor do inverso do K representa o fator (1/K = fator), portanto f = 1/1,5, em que f = 0,66667 mg/dℓ, substituindo na fórmula temos:

$$A = 1/K \times C \rightarrow C = \frac{A}{1/K} \rightarrow C = A \times 1/K,$$

sabendo-se que 1/K = fator,

obtém-se que a concentração é igual a absorbância vezes fator, C = A × F, portanto,
C = 0,27 × 0,66667 → C = 0,18 mg/dℓ.

▸Atividade prática: espectrofotometria

▸ Objetivo

Verificar a finalidade e a utilização na prática laboratorial da determinação do espectro de absorção e estudar o procedimento para confeccionar uma curva de calibração ou referência.

▸ Materiais e método

Materiais

- Tubos de ensaio
- Estante
- Pipetas
- Espectrofotômetro e cubetas
- Água destilada

Reagentes*

- Solução de permanganato de potássio 0,10 g/ℓ.

Tubo branco. Quando um feixe de luz monocromática atravessa uma cubeta de espectrofotômetro (tubo de leitura) que contém uma solução de moléculas absorventes de luz, parte da luz sofre refração, reflexão, absorção pelos reagentes e outras interações indesejáveis. Para eliminar tais interferências, deve-se zerar o aparelho com uma solução que é denominada branco. O branco deve conter todos os constituintes do sistema, exceto o composto a ser estudado. A cada conjunto de determinações, bem como após alterar o comprimento de onda, o aparelho deve ser sempre zerado com o tubo que contém o branco.

Método: curva-padrão, curva de calibração ou curva de referência

Diluir, como indicado na Tabela 5.3, a solução estoque do composto a ser estudado (solução de concentração conhecida). Após diluir e agitar os tubos que contêm as soluções, acertar o

TABELA 5.3

Procedimento para elaboração da curva-padrão de $KMnO_4$.

Tubos	Solução estoque $KMnO_4$ (0,10 g/ℓ)	Água destilada (mℓ)	Concentração final das soluções em g/ℓ	Melhor λ = 505 nm Valores de absorbância
1	1 mℓ	9	0,01	
2	2 mℓ	8	0,02	
3	3 mℓ	7	0,03	
4	5 mℓ	5	0,05	
Solução problema	–	–	?	
Branco	–	10	–	Zerar

*Veja em *Preparo de Soluções*, no Apêndice.

espectrofotômetro com o comprimento de onda em 505 nm (melhor comprimento de onda para o $KMnO_4$) e zerar o aparelho com o tubo branco. Proceder às leituras de A dos tubos de 1 a 4, bem como da solução problema, e anotar os valores na tabela.

▶ Resultados e conclusão

Construir os gráficos de A *versus* concentração. Com base no gráfico, calcular o fator e determinar a concentração da solução problema.

É possível utilizar diretamente a curva-padrão para determinar a concentração desconhecida da solução de $KMnO_4$.

A curva-padrão permite o cálculo de um fator, que pode ser utilizado nos cálculos de concentrações de soluções problemas.

▶ Questões

1. Qual a importância da determinação do espectro de absorção?
2. Quais as condições que permitem que a lei de Lambert-Beer seja válida para as reações colorimétricas?

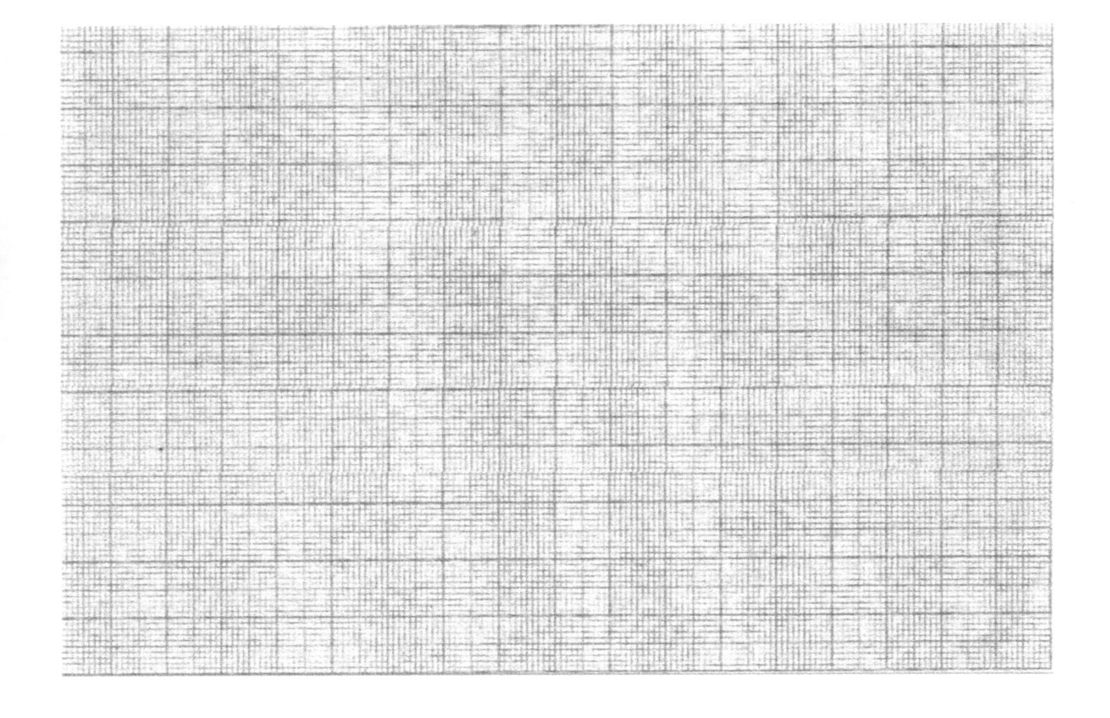

6

Tampões

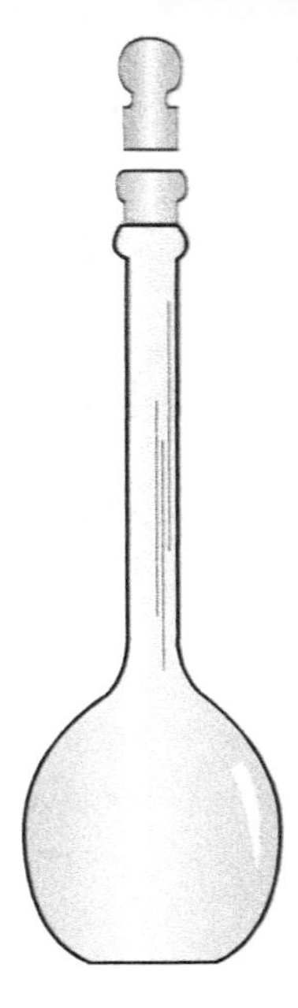

Introdução

No que diz respeito a ácidos e bases, o conceito de Brönsted-Lowry é adequado ao estudo de pH e tampões, em que ácidos podem ser definidos como compostos capazes de doar prótons hidrogênio e bases, estas capazes de aceitar prótons hidrogênio. Embora este conceito possa ser aplicado a sistemas aquosos e não aquosos, no caso de sistemas biológicos, considerando a presença da água, a ionização ocorre em meio aquoso.

Como a água é o componente mais abundante nos sistemas biológicos, é de esperar que ela e seus íons desempenhem papel muito importante nesses sistemas, e isso se verifica nos seres vivos. Nesse sentido, recordaremos o comportamento acidobásico da água que envolve a sua dissociação como um eletrólito muito fraco, pois sistemas biológicos ácidos e bases provenientes do metabolismo intermediário sofrem ionização ao interagir com a água, como doador ou aceptor de prótons hidrogênio.

Quando os ácidos e as bases se ionizam até determinado limite em solução, dependendo do grau de ionização são classificados como fortes e fracos. Ácidos fortes são os que em solução diluída ionizam quase 100%. Boa parte dos metabólitos intracelulares e macromoléculas apresenta comportamento de ácidos e bases fracas, e, portanto, com capacidade de ionização parcial. Essa capacidade pode ser medida por uma constante de ionização denominada Ki.

$$\underset{\text{Ácido}}{HA} + \underset{\text{Base}}{H_2O} \longleftrightarrow \underset{\text{Base conj.}}{A^-} + \underset{\text{Ácido conj.}}{H_3O^-}$$

$$Ki = \frac{[A^-]\,[H_3O^+]}{[HA]\,[H_2O]}$$

Assim, Ki representa a constante de equilíbrio da reação de ionização reversível e, considerando a concentração de água constante, podemos definir uma nova constante, agora denominada Ka, e Ka = Ki × [H_2O]. Desse modo, trabalharemos com o sistema simplificado, omitindo a concentração da água e lembrando que H^+ representa a forma simplificada do H_3O^+ (íon hidrônio), como descrito a seguir.

$$\underset{\text{ácido}}{HA} \longleftrightarrow \underset{\text{base conj.}}{A^-} + H^+ \qquad Ka = \frac{[A^-]\,[H^+]}{[HA]}$$

Representando em termos de concentração de H^+,

$$[H^+] = \frac{Ka\,[HA]}{[A^-]}$$

Aplicando logaritmo negativo (*p*) à expressão,

$$pH = pKa + \log\frac{[A^-]}{[HA]}$$

Essa expressão é conhecida como equação de Henderson-Hasselbach.

A título de exemplo e de modo semelhante, podemos representar a ionização reversível do ácido acético que, por meio de ionização parcial, origina o acetato, produzindo uma mistura de ácido-base conjugados.

$$CH_3 - COOH \longleftrightarrow CH_3 - COO^- + H^+$$

Ácido acético — Acetato

Neste caso, a constante de equilíbrio para a dissociação do ácido acético é:

$$Ka = \frac{[CH_3 - COO^-]\,[H^+]}{[CH_3 - COOH]}$$

Aplicando-se o logaritmo negativo,

$$pH = pKa + \log \frac{[CH_3 - COO^-]}{[CH_3 - COOH]}$$

Assim, misturas de ácidos fracos com suas respectivas bases conjugadas em solução, ou vice-versa, constituem tampões e oferecem resistência à mudança de pH quando adicionadas pequenas quantidades de ácidos ou bases.

"Um tampão é alguma coisa que resiste à mudança. Na linguagem química usual, um tampão de pH é uma substância, ou mistura de substâncias, que permite às soluções resistirem a grandes mudanças no pH quando adicionadas pequenas quantidades de íons H^+.

A capacidade tamponante das misturas de ácidos fracos com suas respectivas bases conjugadas reside no estado de equilíbrio dinâmico entre o ácido fraco e a sua base conjugada, em que adições de íons H^+ ou OH^- estariam, em parte, sendo neutralizadas pelo deslocamento do equilíbrio da reação (relembre o efeito do íon comum).

HCl

↓

$H^+ + Cl^-$

↓

$$CH_3 - COOH \longleftrightarrow CH_3 - COO^- + H^+ \uparrow$$

Ácido acético ⇐ Acetato

No esquema anterior, quando uma pequena quantidade de ácido clorídrico (ácido forte) é adicionada a uma mistura de ácido acético/acetato, a concentração do íon hidrogênio no meio aumenta momentaneamente e desloca o equilíbrio no sentido acetato-ácido acético, neutralizando, em parte, o excesso de H^+.

A bem da verdade, soluções-tampões sofrem alterações de pH quando acrescidas de íons H^+ ou OH^-, porém, essas alterações seriam muito maiores na ausência do tampão.

▸ Aspectos quantitativos

O cálculo das verdadeiras concentrações de ácidos e bases conjugadas em solução envolve o uso da constante de ionização (Ka). O Ka representa a constante de equilíbrio da reação de ionização do ácido. Assim, para ionização do ácido acético, Ka é descrito como:

$$Ka = \frac{[CH_3 - COO^-]\,[H^+]}{[CH_3 - COOH]}$$

Conhecendo o valor de Ka e $[H^+]$, torna-se possível calcular as concentrações do ácido e da sua base conjugada.

Considerando que a acidez de um meio é normalmente avaliada por meio do pH, aplicando-se –log em ambos os lados das expressões, obteremos a equação de Henderson-Hasselbach para ácidos fracos.

$$pH = pKa + \log \frac{[CH_3 - COO^-]}{[CH_3 - COOH]}$$

Neste caso, o pH de uma mistura de ácido fraco e sua base conjugada depende do valor do pKa e da razão entre a concentração de base conjugada e a concentração de ácido em solução.

O conhecimento do pH de fluidos biológicos e de soluções de laboratório é de importância primordial. Existem aparelhos especiais, os peagâmetros, para determinações precisas, mas o uso de indicadores de pH é indispensável na prática. Os indicadores de pH são substâncias que mudam de cor conforme o pH do meio. O uso de indicadores é hoje muito facilitado pela existência de fitas de papel, ou de plástico, impregnadas com essas substâncias. As fitas são introduzidas nas soluções ou uma pequena gota da solução é colocada na fita. A cor resultante é comparada com uma série de padrões coloridos (veja na Tabela 6.1). Fora da faixa de mudança de coloração, que é a faixa útil, os indicadores não funcionam. É que os indicadores são ácidos fracos que apresentam cor A (ácida), quando protonados, e cor B (básica) quando desprotonados.

TABELA 6.1

Indicadores de pH.

Indicador	Cor ácida	Faixa de pH	Cor básica
Metil amarelo	Vermelha	1,2 a 2,3	Amarela
Tropeolina 00	Vermelha	1,4 a 3,2	Amarela
Bromofenol azul	Amarela	3,0 a 4,6	Violeta
Bromocresol verde	Amarela	3,8 a 5,4	Azul
Metil vermelho	Vermelha	4,2 a 6,3	Amarela
Fenol vermelho	Amarela	6,8 a 8,4	Vermelha
α-naftolftaleína	Marrom	7,3 a 8,7	Verde
Fenolftaleína	Incolor	8,3 a 10,0	Vermelha
α-naftol violeta	Amarela	10,0 a 12,0	Violeta
Nitramina	Incolor	10,8 a 13,0	Marrom

Os indicadores são usados para:

- Ponto de viragem: titulação de ácidos com base forte ou titulação de base com ácido forte;
- Determinação do pH: na faixa de viragem a mudança de cor acompanha o pH.

Atividade prática: determinação da capacidade tamponante

Objetivos

São dois os objetivos deste capítulo:

1. Correlacionar os aspectos teóricos com os achados laboratoriais.
2. Verificar a importância desses conhecimentos em relação ao estado de equilíbrio ácido-básico em sistemas biológicos.

Materiais e método

Materiais

- Béquer
- Tubos de ensaio
- Estante para tubos de ensaio
- Canetas marcadoras
- Pipetas
- Tiras indicadoras de pH
- Água destilada.

Reagentes*

- Solução-tampão acetato, pH = 7,0
- Solução-tampão bicarbonato, pH = 7,0
- Solução de ácido clorídrico (HCl) a 1 N.

Método

Como fundamento, a capacidade tamponante pode ser expressa pelo número de moles de H^+ (ou OH^-) que devem ser adicionados a um litro de solução para reduzir (ou aumentar, no caso de OH^-) o pH em 1 unidade. Contudo, a forma mais fácil de visualizar a capacidade tamponante é por meio de um gráfico, plotando o volume de ácido (ou base) adicionado *versus* o pH da solução.

Assim, será adicionado HCl 1 N nas seguintes soluções:

- Tampão acetato, pH = 7,0
- Tampão bicarbonato de sódio, pH = 7,0
- Água destilada.

---

* Veja *Preparo de Soluções*, no Apêndice.

Em sistemas biológicos, o estado de equilíbrio dinâmico do tampão bicarbonato é atingido rapidamente devido à presença da enzima anidrase carbônica, a qual acelera a primeira etapa do processo.

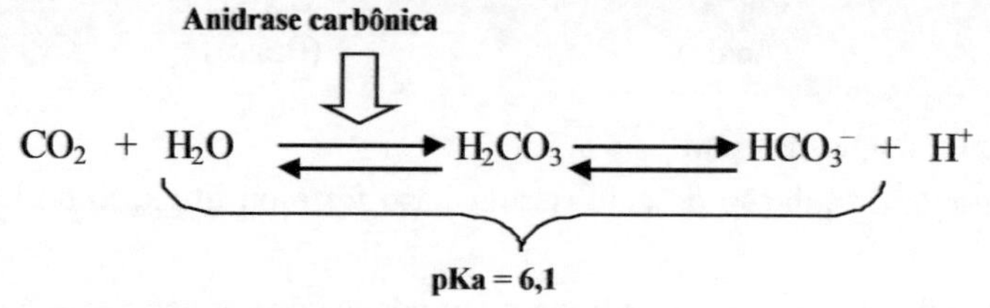

Faça agora o seguinte procedimento:

1. Coloque 10 mℓ de HCl 1 N em um frasco conta-gotas.
2. Rotule três tubos de ensaio — acetato, bicarbonato e água — e adicione 2,0 mℓ de cada solução nos tubos, respectivamente.
3. Verifique o pH de cada solução dos três tubos. Adicione uma gota de HCl a cada um dos tubos, agite e verifique o pH por meio das tiras indicadoras de pH.
4. Adicione mais cinco gotas de HCl, agite e verifique o pH, e assim sucessivamente. Anotar os dados em forma de tabela semelhante ao modelo a seguir. Anote na tabela de Resultados e conclusão, os valores obtidos.

▶ Resultados e conclusão

Confira, a seguir, os resultados e a conclusão.

HCl 1 N (gotas)	pH acetato	pH bicarbonato	pH água
0			
1			
5			
4			

Os resultados podem ser apresentados na forma gráfica, como no gráfico a seguir.

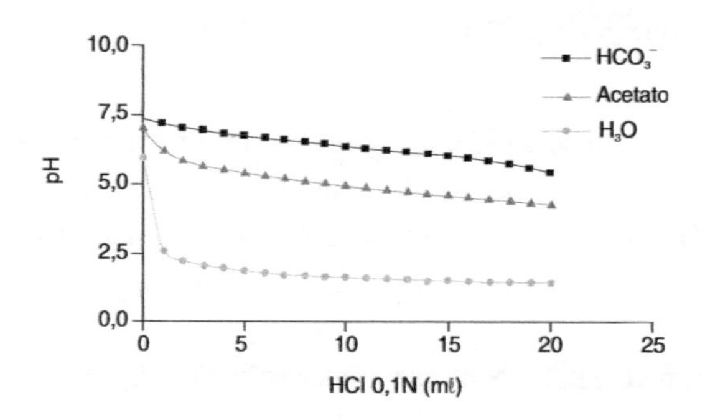

Os seres vivos são extremamente sensíveis às variações do pH do seu meio interno. Na espécie humana, o pH médio do plasma sanguíneo é 7,4, e variações de ± 0,3 unidade de pH trazem consequências graves, com risco de morte. O controle físico do pH é feito por meio de misturas reguladoras chamadas de tampões.

O tampão não impede mudanças de pH, mas as atenua consideravelmente. Existem várias combinações de pares conjugados aceptor/doador de prótons que influenciam na faixa de pH onde se encontram os sistemas biológicos. Os sistemas tampões mais importantes no plasma sanguíneo são o bicarbonato/ácido carbônico (HCO_3^-/H_2CO_3), o fosfato II/fosfato I ($HPO_4^{-2}/H_2PO_4^-$) e proteínas. Variações nesses sistemas conduzem a condições de acidose ou alcalose, que devem ser imediatamente combatidas.

▸Questões

1. Analise os resultados obtidos e discuta a capacidade tamponante do acetato e do bicarbonato comparados à da água destilada.
2. Ao considerarmos a necessidade de manutenção do pH sanguíneo pelo organismo, qual a importância dos conhecimentos adquiridos nesta atividade prática?

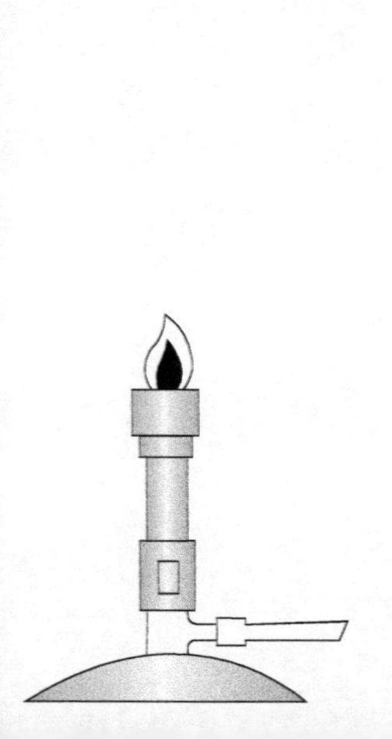

7

Dosagem de Proteínas Totais

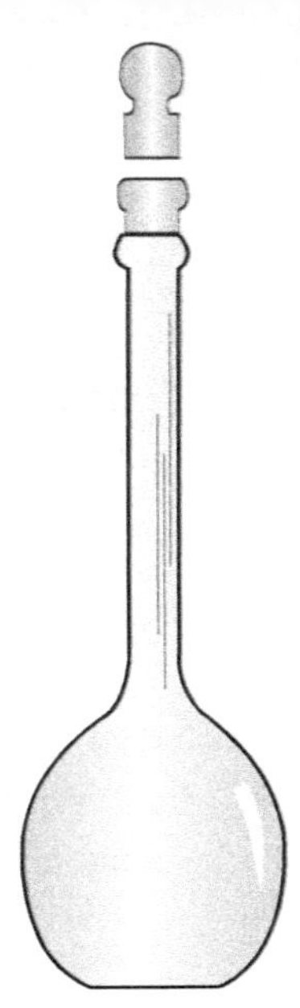

▸ Introdução

As proteínas plasmáticas contribuem com cerca de 7% do plasma e são em geral divididas em três grupos: albumina, globulinas e fibrinogênio. A albumina representa 55% das proteínas plasmáticas, 38,5% para a globulina e 6,5% para o fibrinogênio.

A albumina presente no sangue exerce a função de regular a pressão osmótica. Se as proteínas plasmáticas diminuírem, principalmente albumina, a pressão osmótica do plasma diminui. Isto causa uma maior pressão para fora da terminação capilar e o fluido (água) acumula-se nos tecidos causando o edema. O edema também pode ocorrer em decorrência de doenças cardíacas.

A quantidade de albumina presente no sangue é reduzida por doenças hepáticas, pois a albumina é sintetizada no fígado. A albumina é usada para avaliar o estado nutricional, há perda de albumina na hepatopatia e nefropatia com proteinúria, hemorragia e queimaduras.

Já as globulinas presentes no plasma podem ser subdivididas em alfa, beta e gama. Dentro de cada subdivisão encontramos uma série de proteínas como no caso da gamaglobulinas ou imunoglobulinas constituídas de Ig G, E, M, D e A que tem a capacidade de produzir a imunidade contra doenças como rubéola, hepatite infecciosa, caxumba e *influenza*.

O fibrinogênio é a proteína de maior concentração plasmática envolvida no mecanismo de coagulação sanguínea. Ele é produzido no fígado, de modo que qualquer doença que o afete causa sua diminuição no plasma.

Diversos métodos químicos e instrumentais são usados para medir o conteúdo de proteínas totais em fluidos biológicos, tais como soro, urina e líquido cefalorraquidiano. Os métodos usados para determinar o conteúdo de proteínas totais no soro incluem: (1) do biureto, (2) fotométricos direto, (3) de ligação com corante, (4) de Folin-Ciocalteu (Lowry), (5) de Kjeldahl, (6) turbidimétricos e (7) nefelométricos.

▸ Atividade prática: dosagem de proteínas totais

▸ Objetivo

Determinar a concentração de proteínas séricas utilizando-se a reação do biureto.

▸ Materiais e método

Materiais

- Tubos de ensaio
- Estantes para tubos de ensaio
- Cubetas, pipetas
- Espectrofotômetro
- Papel absorvente.

Reagente*

- Solução padrão: 4,0 g/dℓ de albumina bovina. Conservar entre 15 e 25°C
- Reativo de biureto: contem 1,86 mol/ℓ de hidróxido de sódio, 0,32 mol/ℓ de tartarato de sódio e potássio, 0,188 mol/ℓ de sulfato de cobre e 0,3 mol/ℓ de iodeto de potássio. Conservar entre 15 a 25°C. Estável por 6 meses

*Veja *Preparo de Soluções*, no Apêndice.

- Amostra: soro ou plasma podem ser usados, mas prefere-se soro. Amostras hemolisadas não devem ser analisadas. As amostras bem fechadas de soro são estáveis, por 1 semana à temperatura ambiente, e por 1 mês a 2 a 4°C.

Método

Princípio. O cobre do reativo de biureto reage com as proteínas, em meio alcalino, formando um complexo cobre-proteína de cor roxa, que absorve luz a 545 nm. A intensidade de cor produzida é proporcional ao número de ligações peptídicas que estão reagindo e, portanto, à quantidade de proteína presente. Aminoácidos e dipeptídios não reagem, mas tripeptídios, oligopeptídios e polipeptídios reagem e produz produtos de cor rosa a violeta avermelhada.

Procedimento. Prepare um conjunto de três tubos e proceda da seguinte maneira (veja Tabela 7.1).

TABELA 7.1

Técnica de preparação dos tubos para o teste de determinação de proteínas totais.

Tubos	Branco	Teste	Padrão
Amostra	------	0,1 mℓ	------
Padrão	------	------	0,1 mℓ
Água destilada	0,1 mℓ	------	------
Reativo de biureto	4,0 mℓ	4,0 mℓ	4,0 mℓ
Misturar e deixar em repouso por 15 min à temperatura ambiente			

Determinar as A do teste e padrão em 545 nm, acertando o zero com o branco. A cor é estável por 3 h.

Cálculos

$$\text{Proteínas (g/dℓ)} = \frac{A_T}{A_P} \times 4$$

▸ Resultados e conclusão

Compare o valor encontrado na sua dosagem com os valores de referência para dosagem de proteínas totais. Verifique se a concentração de proteínas totais está dentro da faixa de referência, se indica hipoproteinemia ou hiperproteinemia.

▸ Valores de referência

Em adultos normais em movimento, a concentração de proteína total do soro é de 6,3 a 8,3 g/dℓ e a de um adulto em descanso é de 6,0 a 7,8 g/dℓ.

As causas principais de alteração da concentração da proteína total no soro é uma alteração do volume de água do plasma e uma alteração na concentração de uma das proteínas específicas do plasma.

Na hemoconcentração (diminuição do volume plasmático) é chamada hiperproteinemia relativa. A hiperproteinemia é observada em casos de desidratação devido ao baixo consumo de água ou perda excessiva, tais como nos casos de vômitos e diarreia, doença de Addison e acidose diabética.

A hemodiluição (aumento do volume plasmático) se reflete como hipoproteinemia relativa. Ocorre nas síndromes de intoxicação por água ou retenção de sal, durante infusões intravenosas grandes, e fisiologicamente quando os indivíduos assumem uma posição inclinada.

▶Questões

1. Quais as frações proteicas que compõem as proteínas totais?
2. Verifique em quais líquidos biológicos podemos determinar proteínas totais.

8

Atividade Enzimática

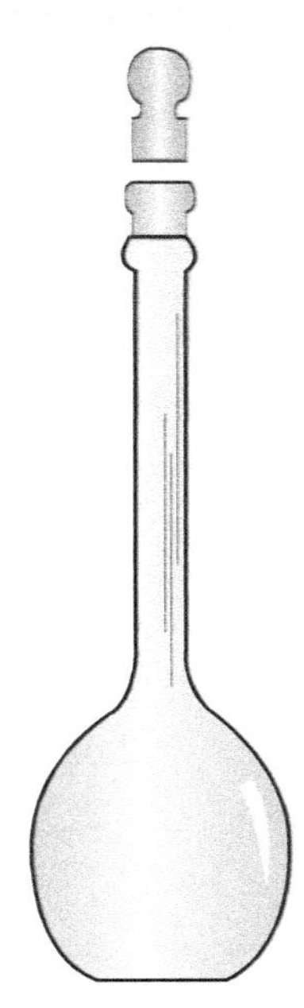

Introdução

As enzimas são proteínas que possuem atividade catalítica, portanto, possuem todas as características das proteínas. São denominadas catalisadores biológicos. Aceleram em média 10^9 a 10^{12} vezes a velocidade da reação transformando de 100 a 1000 moléculas de substrato em produto por minuto de reação sem, no entanto, participar dela como reagente ou produto. Praticamente todas as reações que caracterizam o metabolismo celular são catalisadas por enzimas. Atuam em concentrações muito baixas e estão quase sempre dentro da célula, e compartimentalizadas. As enzimas diferem dos catalisadores químicos em vários aspectos. A Tabela 8.1 resume suas principais diferenças.

TABELA 8.1

Principais diferenças entre as enzimas e os catalisadores químicos.

Característica	Enzimas	Catalisadores químicos
Especificidade ao substrato	alta	baixa
Natureza da estrutura	complexa	simples
Sensibilidade à temperatura e pH	alta	baixa
Condições de reação (temperatura, pressão e pH)	suaves	drástica (geralmente)
Custo de obtenção (isolamento e purificação)	alto	moderado
Consumo de energia	baixo	alto
Formação de subprodutos	baixa	alta
Separação catalisador/produtos	difícil/cara	simples
Atividade catalítica (em temperatura ambiente)	alta	baixa
Presença de cofatores	sim	não
Estabilidade do preparado	baixa	alta

A cinética enzimática é a parte da enzimologia que estuda a velocidade das reações enzimáticas, e os fatores que influenciam nesta velocidade. A atividade enzimática é influenciada pela temperatura, pelo pH, concentração das enzimas, concentração dos substratos e presença de inibidores.

Nesta atividade, estudaremos dois fatores que interferem na atividade enzimática: a temperatura e o pH. De modo geral as enzimas atuam em condições suaves de temperatura e pH. Estes fatores externos influenciam diretamente a velocidade da reação enzimática:

Temperatura. A velocidade de uma reação química é afetada pela temperatura: quanto maior a temperatura, maior será a velocidade da reação até que a enzima chegue a sua temperatura ótima. Isso pode ser explicado pela teoria de Arrhenius, que se baseia na hipótese de que duas partículas devem se colidir na orientação correta e com energia cinética suficiente para que os reagentes sejam transformados em produtos. A partir de então, a atividade volta a diminuir, por desnaturação da molécula. Ou seja, a partir de uma determinada temperatura, as enzimas perdem sua estrutura nativa, o que leva à perda de função.

Em resumo:

- Até determinada temperatura, ocorre um *aumento* da velocidade de reação.
- A partir de determinada temperatura, há uma diminuição na velocidade de reação.

A Figura 8.1 ilustra a situação anteriormente descrita, mostrando o *efeito da temperatura na atividade enzimática.*

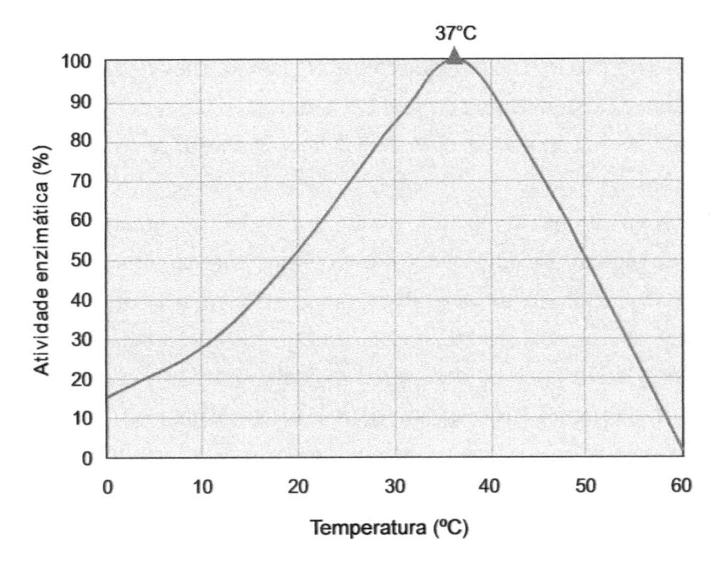

Figura 8.1 Diagrama esquemático mostrando o efeito da temperatura na atividade de uma enzima.

Por outro lado, a atividade de uma enzima diminui com o tempo de incubação em determinadas temperaturas. Veja na Figura 8.2 o diagrama que mostra o *efeito da temperatura na estabilidade enzimática.* As curvas mostram o percentual de atividade rema-

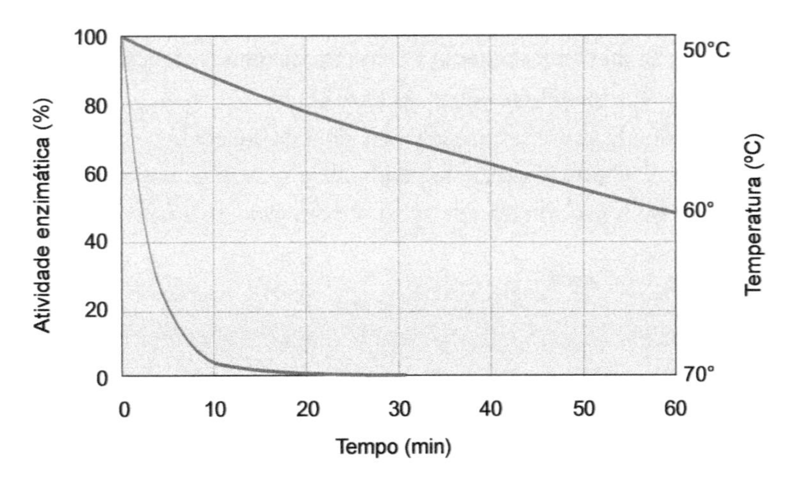

Figura 8.2 Diagrama esquemático mostrando o efeito da temperatura na estabilidade de uma enzima. (Baseado no *site* http://www.lsbu.ac.uk/biology/enztech/temperature.html.)

nescente em função do tempo de incubação em diferentes temperaturas. Quanto maior a temperatura de incubação, mais rápido é o processo de desnaturação térmica.

Quando ocorre a *desnaturação térmica*, a estrutura terciária se rompe, pois a proteína perde interações não covalentes (ligações de hidrogênio, interações eletrostáticas e hidrofóbicas). Uma vez que, as ligações de hidrogênio também são estabilizadoras de estruturas secundárias, estas também podem ser perdidas durante o processo de desnaturação térmica. Não há quebra de ligações peptídicas, assim a estrutura primária é preservada. Para muitas enzimas, o processo de desnaturação térmica é irreversível.

As enzimas-chave do metabolismo têm a temperatura ótima ao redor de 40°C. Acima da temperatura ótima, é normal que a atividade caia abruptamente devido ao processo de desnaturação térmica. Assim, na temperatura corporal em torno de 37°C as enzimas estão no limite de atividade e de estabilidade e, portanto, do metabolismo. Isto justifica os temores em relação ao chamado estado febril.

pH. A acidez ou a alcalinidade do meio afetam a atividade enzimática por meio da alteração da ionização de radicais de aminoácidos envolvidos em manter a conformação do local ativo, ou a ligação do substrato ao local ativo, ou a transformação do substrato em produto (etapa catalítica).

A região do local ativo pode conter vários radicais ionizáveis envolvidos em manter a conformação do local, ou em ligar o substrato, ou em transformar o substrato em produto. A Tabela 8.2 contém os principais radicais ionizáveis presentes nas estruturas de enzimas, e suas formas iônicas.

Existe pH ótimo para cada enzima, onde a distribuição de cargas elétricas da molécula da enzima e, em especial do local catalítico, é ideal para a catálise. Assim, quanto mais próximo do pH ótimo, maior será a velocidade da reação. As enzimas sofrem os mesmos efeitos estruturais observados com as proteínas globulares pela variação de pH, ou seja, mudanças extremas de pH podem alterar a estrutura da enzima devido a uma repulsão de cargas podendo levar a desnaturação. As mudanças mais brandas de pH podem levar a uma dissociação de enzimas oligoméricas. Neste caso, a forma monomérica é mais ativa que a dimérica, mas há casos em que a dissociação de enzimas oligoméricas leva à sua completa inativação. As mudanças de pH que não afetam totalmente a estrutura de uma enzima podem diminuir sua atividade apenas por estar afetando resíduos do local catalítico.

O estudo do efeito do pH na desnaturação de enzimas é conhecido como "Efeito do pH na estabilidade enzimática". O estudo do efeito do pH na ionização de radicais de aminoácidos envolvidos na ligação ou transformação de substrato em produto é conhecido por efeito do pH na atividade enzimática.

TABELA 8.2

Principais radicais ionizáveis presentes nas estruturas de enzimas, e as formas iônicas.

Grupo	Ionização
Carboxil	— COOH ⇌ — COO- + H+
Inidazol chistidina	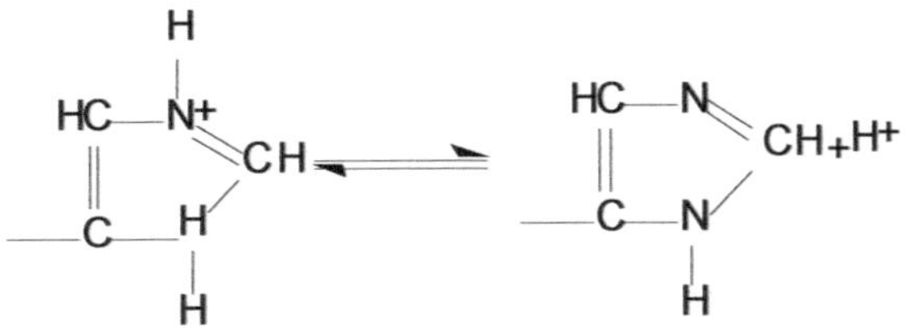 H | HC—N+ ‖ ⟍CH ⇌ HC—N⟍ CH+H+ —C—H⟋ ‖ ⟋ | —C—N H | H
Fosfato (fosfosserina)	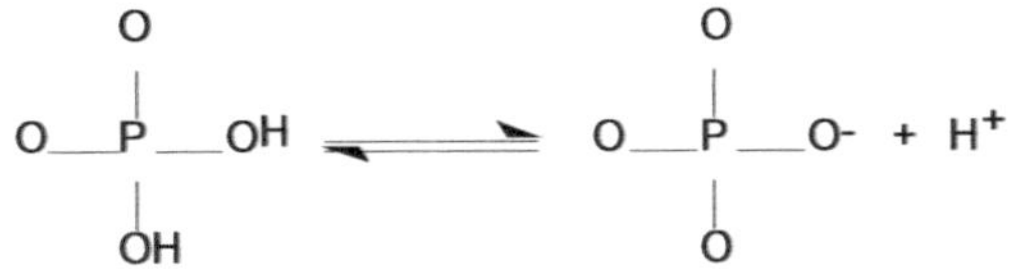 O O | | O—P—OH ⇌ O—P—O- + H^+ | | OH O
Sulfidrila	—SH ⇌ —S + H+
Amino	- $NH^+{}_3$ ⇌ - NH_2 + H^+
Amino (lisina)	- $NH^+{}_3$ ⇌ - NH_2 + H^+
Hidroxila fenólica	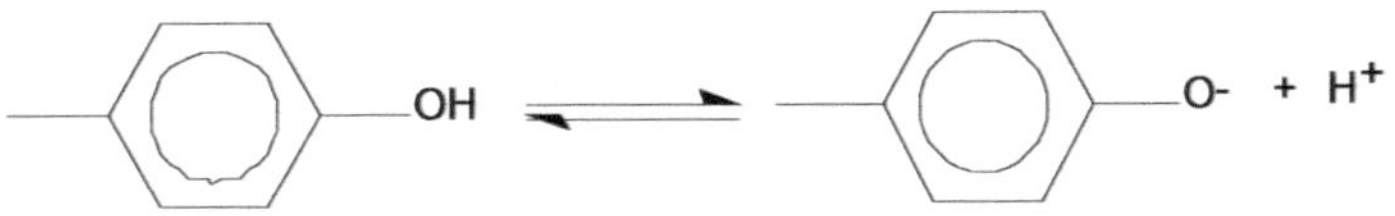 —C₆H₄—OH ⇌ —C₆H₄—O- + H^+
Guanidina (arginina)	 —NH—C—NH_2 ⇌ —NH—C—NH_2 + H^+ ‖ ‖ NH_2 NH

A seguir, na Tabela 8.3, são apresentados alguns exemplos de pH ótimos de algumas enzimas.

TABELA 8.3

Exemplos de pH ótimo de algumas enzimas.

Enzimas	pH ótimo
Lipase (pâncreas)	8,0
Lipase (estômago)	4,0 a 5,0
Lipase (intestino)	4,7
Pepsina	1,5 a 1,6
Tripsina	7,8 a 8,7
Urease	7,0
Invertase	4,5
Maltase	6,1 a 6,8
Amilase (pâncreas)	6,7 a 7,0
Amilase (glândulas salivares)	4,6 a 5,2
Catalase	7,0

Existem enzimas que apresentam um pH ótimo, determinado a partir de uma curva do efeito do pH na atividade enzimática. A Figura 8.3 apresenta um gráfico que ilustra um exemplo de uma enzima cujo pH ótimo é 7,0.

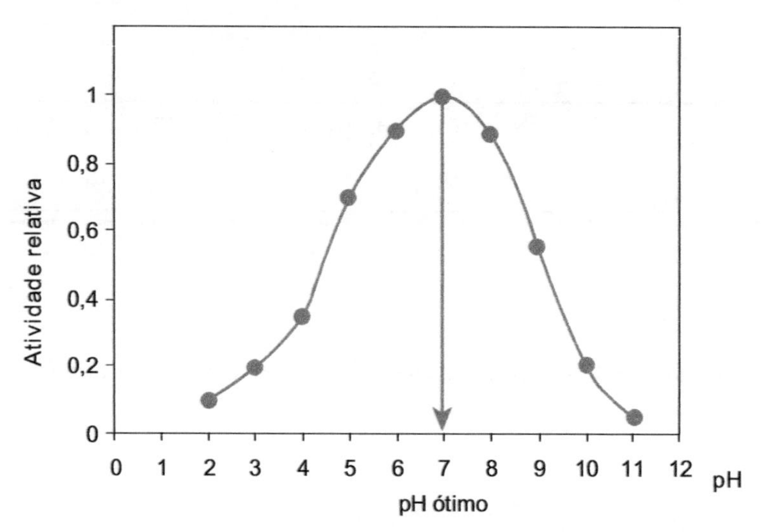

Figura 8.3 Gráfico ilustrando o pH ótimo de uma enzima. (Baseado em http://www.worthington-biochem.com/introBiochem/effectspH.html.)

Porém, muitas enzimas não apresentam uma curva no formato de um sino como mostrado anteriormente, mas uma faixa de pH ótimo, por exemplo, de 6,0 a 8,5, o que indica que não existe um único valor de pH ótimo (veja Figura 8.4).

▶ Atividade prática: efeito da temperatura e do pH na atividade enzimática

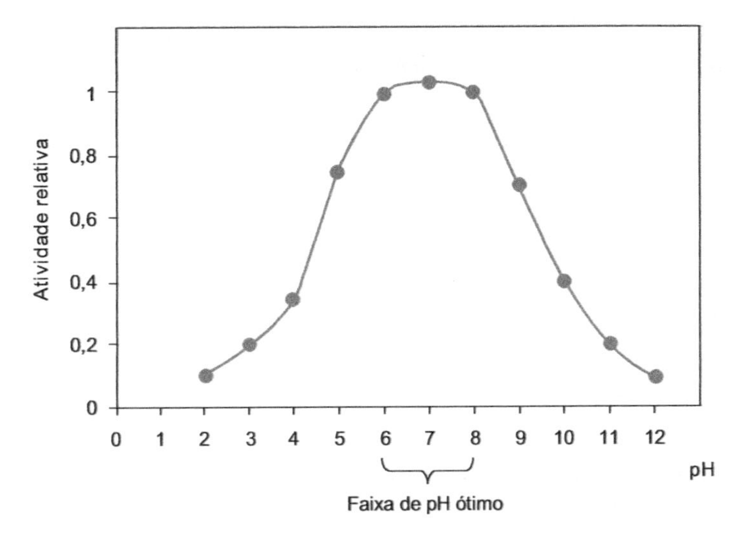

Figura 8.4 Gráfico ilustrando uma enzima que apresenta uma faixa de pH ótimo. (Baseado em http://www.worthington-biochem.com/introBiochem/effectspH.html.)

▶ Objetivo

Observar o efeito da temperatura e do pH na atividade da enzima glicose oxidase.

▶ Materiais e método

Materiais

- Tubos de ensaio
- Estante para tubos
- Pipetas automáticas
- Ponteiras
- Banho-maria a 80°C
- Banho-maria a 37°C
- Banho de gelo (recipiente com uma estante de tubo de ensaio imersa no gelo ou Becker com gelo)
- Espectrofotômetro.

Reagentes*

- Padrão de glicose (0,1 mg/mℓ), glicose oxidase (em tampão pH = 7,4), NaOH (0,5 N), HCL 1N e tiras reagentes para pH.

Métodos

Fundamento

O princípio do método é o que está a seguir: a cinética de uma enzima é estudada avaliando-se a quantidade de produto formado ou a quantidade de substrato consumido por unidade de tempo de reação.

*Veja *Preparo de Soluções*, no Apêndice.

Uma reação enzimática pode ser expressa pela seguinte equação:

E + S <==> [ES] ==> E + P

Utilizaremos neste experimento a glicose como substrato, que será oxidada enzimaticamente pela glicose oxidase (GOD) a ácido glucônico e água oxigenada. Na presença de uma segunda enzima, a peroxidase (POD) produzirá a copulação oxidativa do fenol com a 4-aminoantipirina, dando lugar à formação de um cromógeno vermelho-cereja, com um máximo de absorção a 505 nm.

Este experimento é constituído de duas partes:

1. **Efeito da temperatura na atividade enzimática.** Serão preparados três tubos de ensaio com quantidades iguais de substrato, de enzima, mesmo pH e mesmo tempo de reação, alterando-se apenas as temperaturas dos tubos: gelo, 37°C e 60°C. Um quarto tubo será utilizado como branco. Posteriormente, será avaliada a quantidade de produto formado em todos os tubos por meio da espectrofotometria;
2. **Efeito do pH na atividade enzimática.** Serão preparados três tubos de ensaio com quantidades iguais de substrato da enzima, que serão submetidos à mesma temperatura, e apenas o pH do meio será alterado por meio da adição de ácido ou base. Um quarto tubo será utilizado como branco. Os tubos também serão submetidos ao mesmo tempo de reação e posteriormente será avaliada a quantidade de produto formado pela espectrofotometria.

Procedimento

Efeito da temperatura na atividade enzimática. Preparar quatro tubos de ensaio como descrito na Tabela 8.4.

TABELA 8.4

Técnica de preparação dos tubos para estudo do efeito da temperatura na atividade enzimática.

Tubos	Reativo glicose oxidase	Temperatura e tempo de incubação	Padrão de glicose 0,1 mg/mℓ (*)	Temperatura e tempo de incubação	NaOH (0,5 N) (*)	Absorbância (510 nm) (**)
1	2,5 mℓ	Gelo 2 min	100 μℓ	Gelo 5 min	100 μℓ	
2	2,5 mℓ	BM 37°C 2 min	100 μℓ (0,1 mg/mℓ)	BM 37°C 5 min	100 μℓ	
3	2,5 mℓ	BM 80°C 2 min	100 μℓ (0,1 mg/mℓ)	BM 60°C 5 min	100 μℓ	
Branco	2,5 mℓ	Temperatura ambiente 2 min	100 μℓ de H_2O	Temperatura ambiente 5 min	100 μℓ	

*Marcar a pipetagem de padrão de glicose no primeiro tubo como tempo zero. Posteriormente, pipetar o padrão de 30 em 30 segundos nos demais tubos. Homogenizar delicadamente após a pipetagem. O mesmo procedimento deve ser feito durante a pipetagem de NaOH para interromper a reação.

**Proceder à leitura em espectrofotômetro.

Efeito do pH na atividade enzimática. Preparar quatro tubos de ensaio como descrito na Tabela 8.5.

TABELA 8.5

Técnica de preparação dos tubos para estudo do efeito do pH na atividade enzimática.

Tubos	Interferente 50 µℓ	Reativo glicose oxidase	Homogenizar e verificar pH do sistema com a fita indicadora de pH	Padrões de glicose (0,1 mg/mℓ) (*)	Incubação	NaOH (0,5 M) (*)	Absorbância (510 nm) (**)
1	HCl (2N)	2,5 mℓ		100 µℓ	37°C por 5 min	100 µℓ	
2	NaOH (0,5N)	2,5 mℓ		100 µℓ	37°C por 5 min	100 µℓ	
3	H_2O destilada	2,5 mℓ		100 µℓ	37°C por 5 min	100 µℓ	
Branco	H_2O destilada	2,5 mℓ		100 µL de H_2O	37°C por 5 min	100 µℓ	

* Marcar a pipetagem de padrão de glicose no primeiro tubo como tempo zero. Posteriormente, pipetar o padrão de 30 em 30 segundos nos demais tubos. Homogenizar delicadamente após a pipetagem e incubar a 37°C por 5 min. O mesmo deverá ser feito durante a pipetagem de NaOH para interromper a reação.

** Proceder à leitura em espectrofotômetro.

▸ Resultados e conclusão

Proceder aos cálculos do experimento de variação da temperatura conforme tabela a seguir. Calcular a concentração a partir dos valores de absorbância ($A = K \times c$) utilizando $K = 1,5$.

Tubos	Temperatura	Absorbância	Cálculo $A = K \cdot c$ em que $K = 1,5$	Concentração (mg/mℓ)
1	0°C			
2	37°C			
3	60°C			

A partir dos resultados obtidos no experimento, construa o gráfico de temperatura (eixo x) pela concentração (eixo y).

Proceder aos cálculos do experimento de variação de pH conforme tabela a seguir. Calcular a concentração a partir dos valores de absorbância (A = K × c) utilizando K = 1,5.

Tubos	pH final	Absorbância	Cálculo A = K × c onde K = 1,5	Concentração (mg/mℓ)
1				
2				
3				

A partir dos resultados obtidos no experimento construa o gráfico de pH (eixo x) pela concentração (eixo y).

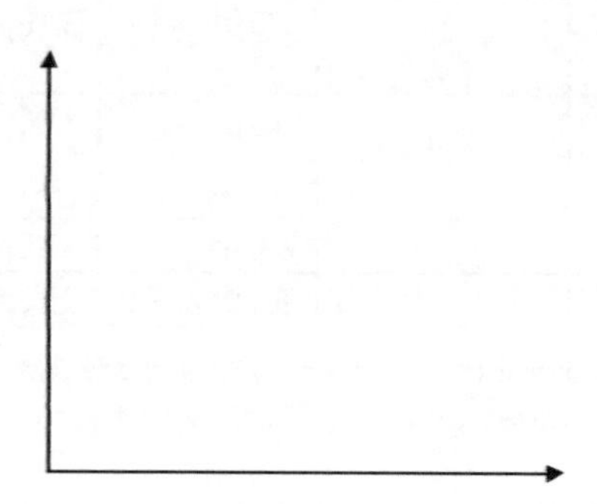

Além da importância nos sistemas biológicos as enzimas têm ampla aplicação industrial, como na produção de alimentos, rações de animais, papel e celulose, couro e têxtil.

Alimentos

Indústria de azeite de oliva: aplicação de poligalactoronase e pectinesterase na melhora de aspectos organolépticos e estabilidade a longo prazo.

Panificação: melhora de cor, sabor e estrutura por meio de preparado enzimático que contém alfa-amilase fúngica. Atua sobre a farinha de trigo, acelerando o processo de fermentação devido a uma maior formação de açúcares para o fermento.

Rações animais

Utilização de enzimas nas rações para leitões durante o período de lactação: emprego de xilanase, β-glucanase e α-amilase, com o objetivo de digestão de amido e, em decorrência disso, ganho de peso e abate precoce.

Indústria de papel e celulose

Remoção de depósitos em máquinas de papel: substituição de álcalis e ácidos fortes por enzimas, com o objetivo de assegurar a integridade física dos funcionários e cumprir as leis ambientais.

Indústria do couro

Uma das primeiras partes do processo de transformação de uma pele em couro é a eliminação dos pelos que ainda venham agarrados. O processo usado até agora envolvia sulfureto de sódio, um químico com um cheiro tão intenso que é impossível passar por uma fábrica de curtumes sem que se perceba. De modo alternativo, foi sugerido à indústria que passe a usar enzimas — o mau cheiro desaparece e a carga poluente dos efluentes é eliminada.

Indústria têxtil

Usa-se a amilase bacteriana (*Bacillus subtilis* e *Bacillus lichenformis*) estável ao calor para eliminar a goma dos produtos têxteis, substituindo os ácidos e álcalis na hidrólise do amido.

Outras aplicações

- Indústria de cosméticos
- Produtos de limpeza
- Inativação enzimática.

Finalizando, conclui-se que as enzimas possuem ampla aplicabilidade, vantagens frente aos catalisadores químicos, importância de fatores externos e necessidade de maiores estudos para viabilizar e ampliar o seu uso.

Questões

1. Explicar o que ocorreu em cada um dos tubos que foram submetidos a diferentes temperaturas.
2. Qual é o pH mais próximo do ótimo para a glicose oxidase?

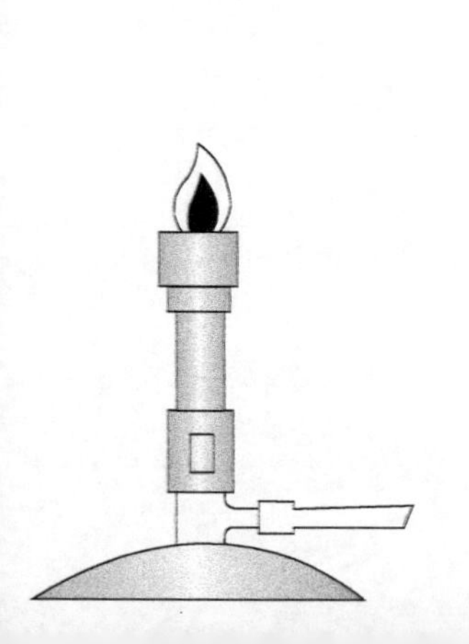

9

Teste de Tolerância à Glicose

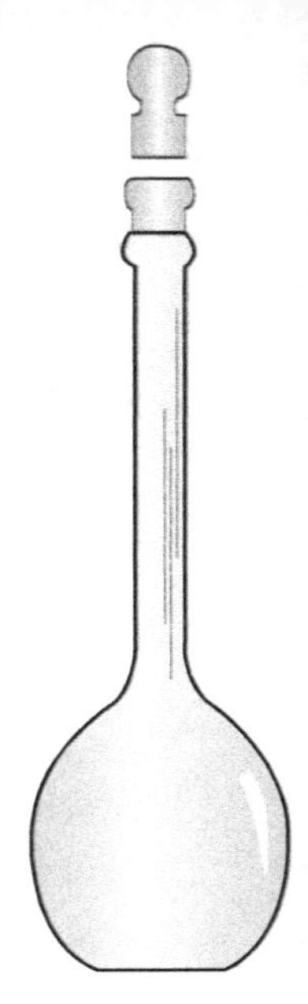

▸Introdução

Os produtos finais da digestão dos carboidratos no trato digestório consistem em glicose, frutose e galactose — representando em média 80% de glicose. Após sua absorção no trato digestório, grande parte da frutose e quase toda a galactose são convertidas em glicose no fígado, portanto, esta constitui a via final comum para o transporte dos carboidratos até as células teciduais.

Logo após uma refeição, a concentração de glicose se eleva e dispara a liberação da insulina, sintetizada nas células β das ilhotas pancreáticas. O mecanismo de transporte de glicose por meio da membrana celular necessita de proteínas denominadas transportadores, que permitem a passagem da glicose do sangue para as células do organismo após um mecanismo de ligação da insulina a esses transportadores. Os transportadores (GLUT) são sistemas de transporte facilitado, pois levam a glicose para o seu gradiente de concentração.

É preciso salientar que o transporte de glicose por meio das membranas das células teciduais (GLUT) é diferente do que ocorre por meio da membrana gastrintestinal ou do epitélio dos túbulos renais (SGLUT). Nestes dois casos, a glicose é transportada pelo mecanismo de cotransporte ativo de sódio–glicose, em que o transporte ativo de sódio fornece a energia necessária para a absorção de glicose contra sua diferença de concentração.

Este mecanismo só funciona em certas células epiteliais especiais, que estão especificamente adaptadas à absorção ativa de glicose. Em todas as outras membranas celulares, a glicose só é transportada de uma área de maior concentração para regiões de menor concentração pelo processo de difusão facilitada, que é possível graças às propriedades especiais de ligação da proteína transportadora de glicose.

Uma vez que a glicose esteja no interior das células, qualquer que seja seu destino — constituição de reservas (glicogênio) ou uso imediato para produção de energia —, este envolve a etapa de fosforilação catalisada pela hexoquinase que dá origem à glicose-6-fosfato.

À medida que ocorre o metabolismo celular da glicose, seus níveis sanguíneos diminuem. Nesta condição, há a liberação do glucagon, hormônio produzido e liberado pelas células α das ilhotas pancreáticas, que promove a decomposição do glicogênio hepático e causa a elevação do nível de glicose na corrente sanguínea.

Um adulto em jejum de 8 a 12 h possui uma concentração de glicose que varia de 70 a 99 mg/dℓ (3,92 a 5,54 mmol/ℓ). Porém, de 30 a 60 min após uma refeição, observa-se um pico de glicemia de 120 a 140 mg/dℓ (6,72 a 7,84 mmol/ℓ) (hiperglicemia fisiológica), que retorna aos níveis normais em duas a três horas quando há insulina suficiente para metabolizar a glicose.

Níveis elevados de glicose estão associados ao diabetes melito (glicemia de jejum ≥ 126 mg/dℓ ou 7,05 mmol/ℓ). A ADA (American Diabetes Association) começou a usar o termo pré-diabetes ou intolerância à glicose para os indivíduos que apresentam glicemia de jejum de 100 a 125 mg/dℓ (5,6 a 7,0 mmol/ℓ), que, se não forem tratados, desenvolvem diabetes tipo 2 em 10 anos. Os indivíduos que se enquadram nesta condição devem submeter-se a um teste de tolerância à glicose.

Níveis reduzidos de glicose sanguínea (hipoglicemia) levam a um quadro clínico de tremores, sudação fria, cefaleia, taquicardia, convulsões e até ao coma. Esses sintomas podem ser observados em casos de hipoglicemia passageira, "superdosagem" de insulina, tumores secretores de insulina, hipoadrenalismo e condições que interferem na absorção de glicose. A hipoglicemia é caracterizada por níveis de glicose inferiores a 50 mg/dℓ (2,8 mmol/ℓ).

▸ Teste de tolerância à glicose (TTG/TTOG/curva glicêmica)

Um indivíduo normal apresenta uma resposta imediata de liberação de insulina a um aumento dos níveis de glicemia, portanto é uma das maneiras de se estabelecer o diagnóstico do diabetes melito. O teste oral de tolerância à glicose consiste em submeter o indivíduo a uma sobrecarga de glicose e verificar o perfil da glicemia em tempo determinado. Considera-se como sobrecarga de glicose algo entre 1,0 a 1,5 g de glicose por kg de peso do indivíduo, ou 75 g de glicose para adultos e crianças de 1,75 g/kg de peso.

O teste deve ser realizado principalmente quando:

- a glicose sanguínea em jejum vai de 100 a 125 mg/dℓ (5,6 a 7,0 mmol/ℓ), ou pós-prandial no limite (> 140 mg/dℓ);
- a glicosúria persiste;
- existe excesso de peso ou em pessoas obesas;
- ocorrem episódios inexplicados de hipoglicemia;
- há glicosúria transitória em mulheres grávidas;
- mulheres grávidas têm história familiar de diabetes melito, de bebês grandes ou de perder o feto inexplicavelmente;
- os pacientes são obesos e têm mais de 45 anos de idade;
- os pacientes têm menos de 45 anos, mas são obesos e possuem outro fator de risco.

O TTG não deve ser indicado para pessoas idosas, não ativas e hospitalizadas, o que restringe a aplicação deste teste ao paciente diabético, levando-se em conta que a maior incidência de diabetes é na população idosa, geralmente sedentária e com inúmeros outros problemas de saúde.

A tolerância à glicose diminuída não deve ser encarada como uma doença. Esta sinaliza que o paciente se encontra em um estágio intermediário entre a normalidade e o diabetes melito e se tem risco aumentado de desenvolver diabetes.

Para que o teste seja significativo, o paciente deve ter uma dieta de pelo menos 150 g/dia de carboidratos durante 3 dias que antecedam ao TTG. Várias drogas, como salicilatos, diuréticos e anticoncepcionais orais, podem alterar a ação e a liberação da insulina, por isso devem ser evitadas. A atividade diária deve ser normal e, no dia que antecede o teste, o indivíduo deve iniciar um jejum de 8 a 12 h e proceder ao teste pela manhã.

A coleta do sangue para a realização do teste deve ser feita em tubos que contenham fluoreto de sódio, que inibe a glicólise e preserva a glicose do sangue coletado, pois as células consomem 5% de glicose do sangue total em uma taxa de 5% por hora.

Primeiro, após um jejum de 8 a 12 h, coleta-se uma amostra de sangue venoso (5,0 mℓ). Em seguida, administra-se ao paciente 75 g de glicose oral em cerca de 300 mℓ de água, que deve ser ingerida em 5 min. Após 2 h de sobrecarga de glicose coleta-se nova amostra de sangue. Determinam-se os níveis de glicose plasmática de jejum em 2 h. Uma amostra de urina pode ser coletada nas duas horas após sobrecarga e utilizada para determinar o nível de glicose.

▸ Atividade prática: teste de tolerância à glicose

▸ Objetivo

Realizar o teste de tolerância à glicose e interpretá-lo.

▸ Materiais e método

Materiais

- Solução padrão de glicose (100 mg/dℓ)
- Tubos de ensaio e estante para os tubos
- Pipetas
- Banho-maria
- Espectrofotômetro
- Solução padrão
- Reativo de trabalho.

Reagentes*

- Reativo de trabalho: tampão fosfato (100 mmol/ℓ, pH = 7,4), fenol (0,88 mol/ℓ), 4-aminoantipirina = AT (0,27 mmol/ℓ), glicose oxidase = GOD (10 KU/ℓ), peroxidase = POD (1,2 KU/ℓ) e conservante azida sódica (1,0 g/ℓ).
- Amostra: é o soro ou o plasma coletado com fluoreto de sódio, livre de hemólise ou outros líquidos biológicos. A amostra deve ser centrifugada o mais rápido possível, evitando a utilização da glicose pelas células sanguíneas. O plasma é estável por 72 h quando conservado de 2 a 8°C e obtido de indivíduos nos tempos zero (T_0) e 120 min (T_{120}).
- Amostras simuladas: são soluções de glicose nas concentrações de 90 e 130 mg/dℓ (simulação TTG normal) e de 110 e 230 mg/dℓ (simulação TTG diabético).

Método

Princípio do método

A glicose é oxidada enzimaticamente pela glicose oxidase (GOD) a ácido glucônico e água oxigenada que, na presença de peroxidase (POD), produz a copulação oxidativa do fenol com a 4-aminoantipirina, dando lugar à formação de um cromógeno vermelho-cereja, com um máximo de absorção a 505 nm, segundo o esquema a seguir:

$$\text{Glicose} + O_2 + H_2O \xrightarrow{\text{GOD}} \text{ácido glucônico} + H_2O_2$$

$$2H_2O_2 + 4\ \text{AT} + \text{fenol} \xrightarrow{\text{POD}} \text{4-p-benzoquinona-monoiminoantipirina} + 4\ H_2O$$

↓

absorção máxima = 505 nm

*Veja em *Preparo de Soluções,* no Apêndice.

Método com o paciente

- A pessoa deve comparecer ao laboratório em jejum de 8 a 12 h pela manhã;
- Considerar o estado de jejum como tempo zero para efeito do TTG;
- Coletar uma amostra de sangue venoso (5 mℓ) no tempo zero;
- Dissolver 75 g de glicose (dextrosol) em 300 mℓ de água;
- O paciente deve ingerir a solução de glicose (sobrecarga de glicose) em cerca de 5 min. Caso haja náuseas ou vômitos, suspender o teste;
- Após a ingestão da solução de glicose, deve ser coletada nova amostra de sangue aos 120 min;
- Determinar a glicose nas amostras de sangue.

Procedimento prático

A Tabela 9.1 resume o procedimento prático para a determinação de glicose nas amostras de sangue coletadas nos diferentes tempos.

- Preparar quatro tubos de ensaio marcando B para branco, P para padrão, T_0 para amostra de jejum e T_{120} para amostra de 120 min;
- Proceder à preparação dos tubos conforme mostrado na Tabela 9.1.

TABELA 9.1

Técnica de preparação dos tubos para determinação dos valores de glicose.

Tubos	Soluções			
	Reativo de trabalho	Padrão glicose 100 mg/dℓ	Amostra T0	Amostra T120
Branco (B)	2,0 mℓ	—	—	—
Padrão (P)	2,0 mℓ	20 µℓ	—	—
Amostra (T0)	2,0 mℓ	—	20 µℓ	—
Amostra (T120)	2,0 mℓ	—	—	20 µℓ
Banho-maria	37°C – 10 min	37°C – 10 min	37°C – 10 min	37°C – 10 min

Retirar do banho-maria e levar ao espectrofotômetro para leitura da absorbância a 505 nm, zerando o aparelho com o branco.

Cálculos

A concentração de glicose em mg/dℓ é obtida a partir da seguinte fórmula:

$$\text{Glicose (mg/d}\ell\text{)} = \frac{\text{Absorbância da amostra}}{\text{Absorbância do padrão}} \times 100 \text{ (concentração do padrão)}$$

▸ Resultados e conclusão

Os valores de referência para o TTG e suas interpretações são os seguintes:

Para o TTG de 2 h:

- $<$ 140 mg/dℓ ($<$ 7,8 mmol/ℓ): normal;
- 140 a 199 mg/dℓ (7,8 a 11,1 mmol/ℓ): intolerância à glicose;
- 200 mg/dℓ ($>$ 11,2 mmol/ℓ): diabetes.

O TTG é indicado para os pacientes com glicemia entre 100 a 125 mg/dℓ (5,6 a 7,0 mmol/ℓ), considerados intolerantes à glicose. Porém o diagnóstico de diabetes pode ser conseguido da seguinte maneira: glicemia ao acaso com valores $\geq$ 200 mg/dℓ; glicemia de jejum $\geq$ 126 mg/dℓ (duas amostras) ou após o TTG de 2 h com glicemia $>$ 200 mg/dℓ (Veja Figura 9.1).

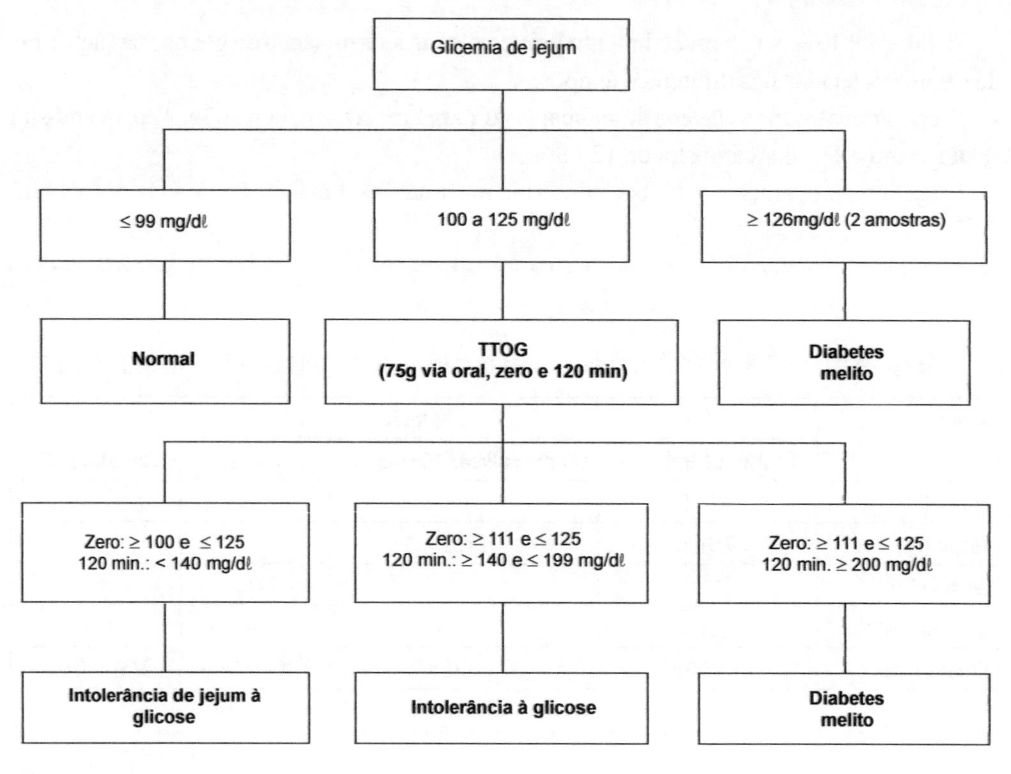

Figura 9.1 Interpretação dos valores de glicemia.

▸ Questões

1. Qual a importância da realização do teste de tolerância à glicose?
2. Qual a finalidade de a coleta sanguínea ser executada com anticoagulante que contenha fluoreto?

10

Dosagem de Colesterol

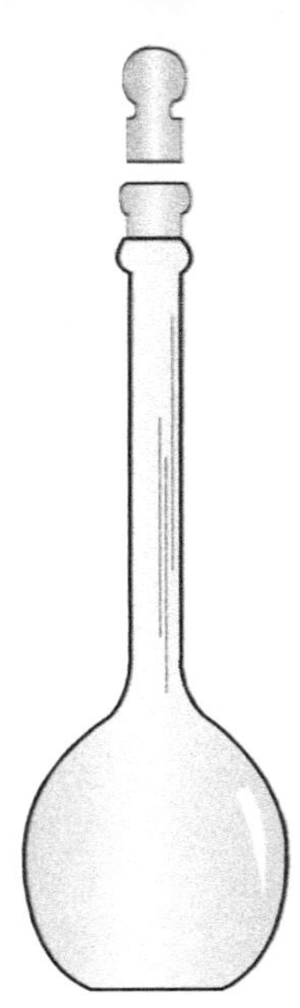

▸ Introdução

O colesterol, um esterol, exerce papel essencial na estrutura das membranas de todas as células do organismo, bem como é precursor dos hormônios esteroides, da vitamina D e dos ácidos biliares.

A fórmula apresentada na Figura 10.1 mostra que o colesterol é um esterol com um radical alcoólico e que a cadeia carbonada ligada ao C_{17} confere ao composto uma solubilidade semelhante à dos lipídios (solúvel em solventes orgânicos, tipo éter e clorofórmio).

O colesterol pode ser proveniente da dieta nos produtos de origem animal e sintetizado endogenamente a partir do composto simples com dois átomos de carbono (acetil-CoA). Praticamente todas as células humanas são capazes de produzir colesterol.

Em termos quantitativos, o fígado é o principal local de biossíntese do colesterol, como também o córtex da suprarrenal, os ovários, os testículos e o epitélio intestinal são particularmente ativos na síntese do colesterol. O córtex da suprarrenal, os ovários e os testículos usam o colesterol e seus ésteres para a síntese de hormônios esteroides. Além de produzi-lo, o fígado também o esterifica, convertendo parte dele em ácidos biliares, e o excreta na bile na forma de sais biliares.

Em condições normais, a velocidade hepática na síntese do colesterol parece estar inversamente relacionada com a quantidade de colesterol da dieta que chega por meio de quilomicra ao fígado. Esta relação sustenta um suprimento diário relativamente constante de colesterol e explica por que sua restrição na dieta somente garante uma redução de 15% nas concentrações de colesterol circulante. Na obstrução do trato biliar, os ácidos biliares não chegam ao intestino e tanto a absorção do colesterol quanto a formação de quilomicra estão reduzidas, assim a síntese do colesterol aumenta de duas a três vezes.

A síntese hepática de colesterol sofre interferência do ritmo circadiano, tendo um pico por volta de 6 h após o anoitecer e um mínimo por volta de 6 h após a exposição à luz. Esse ritmo resulta de modificações correspondentes na atividade da HMG-CoA redutase, enzima que controla a síntese endógena.

O colesterol é transportado via plasmática por meio de lipoproteínas, das quais a LDL (lipoproteína de baixa densidade) é a maior responsável por esse transporte. Aproximadamente 70% do colesterol plasmático estão esterificados principalmente pelo ácido linoleico; isto aparentemente ocorre no plasma sob a influência de uma enzima — a lecitina-colesterol aciltransferase — que é liberada do fígado. Em doenças hepáticas graves, há a diminuição da atividade enzimática no plasma e também da proporção de colesterol esterificado.

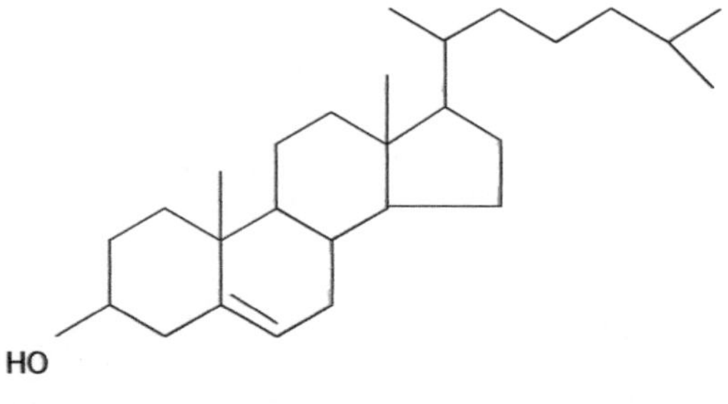

HO

Figura 10.1 Fórmula do colesterol.

Atividade prática: dosagem de colesterol

Objetivo

Dosar o colesterol sérico

Materiais e método

Materiais

- Tubos de ensaio
- Estante para tubos
- Pipetas
- Banho-maria
- Espectrofotômetro.

Reagentes

- Enzimas*: conservar entre 2 e 8°C
- Tampão Tris e fenol pH = 7,0*: conservar entre 2 e 8°C. Observação: irritante. Evite contato com a pele e mucosas. Pipetar com cautela
- Padrão — 200 mg/dℓ: conservar entre 2 e 8°C. Após o manuseio sugere-se armazenar entre 2 e 8°C para evitar evaporação
- Reagente de cor*
- Amostra: sangue obtido a partir de um indivíduo que manteve uma dieta normal. Requer jejum de 12 h apenas se tiver valores de triglicerídeos > 440 mg/dℓ. Proceder à coleta evitando o uso de torniquete por mais de 1 min, pois a hemoconcentração pode aumentar os valores lipídicos.

Método

O princípio do método de dosagem de colesterol é apresentado no esquema que se segue e, posteriormente, são fornecidos dados sobre os reagentes e a amostra para a execução do teste.

Princípios

$$\text{Éster colesterol} \xrightarrow{\text{Colesterol esterase}} \text{colesterol + ácido graxo}$$

$$\text{Colesterol} + O_2 \xrightarrow{\text{Colesterol oxidase}} \text{4-colesterona} + H_2O_2$$

$$H_2O_2 + \text{4-aminofenazona + fenol} \xrightarrow{\text{Peroxidase}} \text{quinoneimina} + 4H_2O$$

Procedimento

Em três tubos de ensaio devidamente marcados de B (branco), P (padrão) e A (amostra), aplicar conforme explicado na Tabela 10.1.

*Veja em *Preparo de Soluções* no Apêndice.

TABELA 10.1

Técnica de preparação dos tubos para teste de determinação do colesterol.

Tubos	Branco	Amostra	Padrão
Amostra	–	20 μℓ	–
Padrão	–	–	20 μℓ
Reagentes de cor	2,0 mℓ	2,0 mℓ	2,0 mℓ

Na sequência, proceda da seguinte maneira:

- Misture e coloque em banho-maria a 37°C por 10 min. O nível da água no banho deve ser superior ao nível do reagente nos tubos de ensaio;
- Determine as absorbâncias de teste e padrão em 505 nm, acertando o zero com o branco. A cor é estável por 2 h.

Cálculos

$$\text{Colesterol (mg/d}\ell\text{)} = \frac{\text{Absorbância da amostra}}{\text{Absorbância do padrão}} \times 200$$

Devido à grande reprodutividade que pode ser obtida com a metodologia, o método de fator pode ser empregado.

$$\text{Fator de calibração} = \frac{200}{\text{absorbância do padrão}}$$

Colesterol (mg/dℓ) = absorção de teste × fator

Nota: Linearidade

A reação é linear até 500 mg/dℓ. Para valores superiores, repetir o teste com metade da amostra diluída em solução fisiológica e multiplicar o resultado obtido por 2.

▸ Resultados e conclusão

Na Tabela 10.2 são apresentados os valores de referência desejáveis para os níveis de colesterol total (CT) de acordo com a Atualização da Diretriz Brasileira de Dislipidemias e prevenção da Aterosclerose – 2017. Esta atualização observa que ainda que valores de CT ≥ 310 mg/dℓ (para adultos) ou ≥ 230 mg/dℓ (crianças e adolescentes) podem ser indicativos de hipercolesterolemia familiar (dislipidemia primária de causa genética), se excluídas as dislipidemias secundárias. A Tabela 10.3 traz algumas das causas das dislipidemias secundárias, relacionadas com doenças, medicamentos ou meio ambiente.

TABELA 10.2

Valores referenciais e de alvo terapêutico* do perfil lipídico (adultos > 20 anos).

Lipídio	Com jejum (mg/dℓ)	Sem jejum (mg/dℓ)	Categoria referencial
Colesterol total (mg/dℓ)**	< 190	< 190	Desejável

*Conforme avaliação de risco cardiovascular estimado pelo médico solicitante. **Colesterol total > 310 mg/dℓ há probabilidade de hipercolesterolemia familiar.

TABELA 10.3

Principais causas das dislipidemias secundárias desencadeadas por doenças, medicamentos ou fatores ambientais e de acordo com a alteração da fração do colesterol.

Fração do colesterol total	Causas das dislipidemias
Aumento da LDL-colesterol	Hipotireoidismo, síndrome nefrótica, hepatopatia, colestase, anorexia nervosa, deficiência de GH, porfiria aguda
Diminuição da HDL-colesterol	Síndrome metabólica, sedentarismo, tabagismo, diabetes melito, obesidade, hipertrigliceridemia

O colesterol sérico pode estar diminuído nas seguintes condições: má nutrição/má absorção, insuficiência pancreática exócrina, hipertireoidismo, doenças do parênquima hepático (hepatites tóxica e viral).

Vale lembrar que as lipoproteínas que transportam o colesterol podem sofrer variações ao longo do tempo denominadas "variação biológica". Estas são expressas pelo coeficiente de variação (CV). Para o colesterol total (CT), LDL-colesterol e HDL-colesterol é de cerca de 10%.

▸Questões

1. Como é feito o controle da colesterolemia?
2. Qual a importância das frações do colesterol na prevenção de doenças?

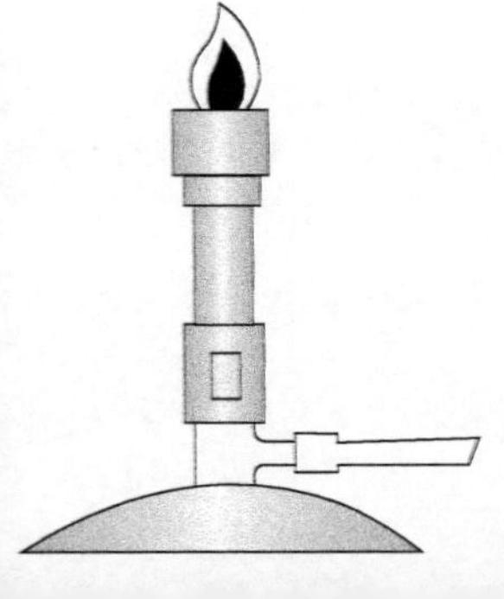

11 Dosagem de HDL-colesterol

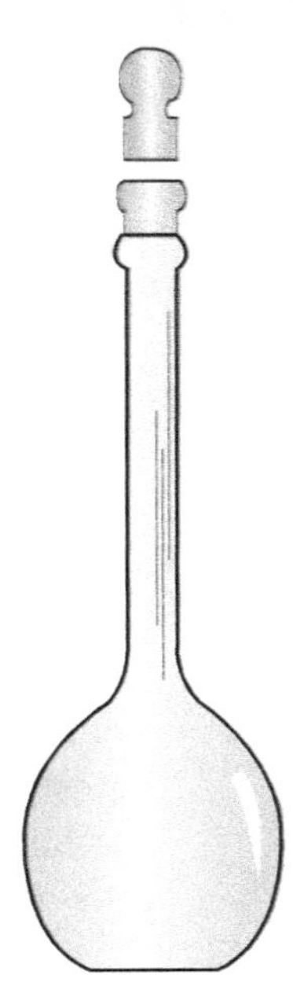

▸ Introdução

Os lipídios são transportados no plasma sanguíneo nos complexos macromoleculares conhecidos como lipoproteínas, como visto no capítulo 4, onde foi abordada a eletroforese de lipoproteínas.

As lipoproteínas têm propriedades físicas e químicas desiguais devido às diferenças de proporções de lipídios e proteínas nas suas constituições. As lipoproteínas foram classificadas por ultracentrifugação, com base nas diferenças de densidade. Esta classificação inclui: quilomícrons, lipoproteína de muito baixa densidade (VLDL), lipoproteína de densidade intermediária (IDL), lipoproteína de baixa densidade (LDL), lipoproteína de alta densidade (HDL). Em geral, as lipoproteínas maiores contêm mais lipídios, são mais leves e menos densas e contêm uma menor porcentagem de proteínas. A distribuição da composição em porcentagem entre os lipídios e a proteína está expressa na Tabela 11.1.

TABELA 11.1

Características das lipoproteínas plasmáticas.

Variável	Quilomícron	VLDL	IDL	LDL	HDL
Densidade (g/mℓ)	< 0,95	0,95 a 1,006	1,006 a 1,019	1,019 a 1,063	1,063 a 1,210
Principais lipídios	TG exógeno	TG endógeno	TG endógeno e ésteres de colesterol	Ésteres de colesterol	Fosfolipídios
Principais apolipoproteínas	B-48 e E	C-I e E	B-100 e E	B-100	A-I e A-II
Razão lipídio:proteína	99:1	90:10	85:15	80:20	50:50

Vale lembrar que durante o jejum a maior parte dos triglicerídeos plasmáticos está presente na VLDL enquanto no estado pós-prandial aparecem nos quilomícrons. O LDL carreia a maior parte do colesterol plasmático e a HDL contribui com cerca de 20% do transporte de colesterol.

A mensuração do colesterol total e das frações (principalmente LDL e HDL) fornece parâmetros importantes para a avaliação dos riscos cardiovasculares associados à hipertensão, diabetes, entre outros.

O esclarecimento da função exercida no metabolismo do colesterol pelas HDL tornou sua quantificação um parâmetro importante para o diagnóstico e conduta clínica.

▸ Atividade prática: determinação de HDL-colesterol

▸ Objetivo

Determinar os níveis de HDL-colesterol no soro.

▸ Materiais e método

A concentração de HDL-colesterol no plasma é avaliada determinando-se a concentração de colesterol associada ao HDL. Basicamente, as lipoproteínas não HDL são removidas ou mascaradas e então o colesterol é determinado. Os métodos de precipitação baseiam-se em separar as lipoproteínas não HDL — VLDL, IDL, LDL — com poliânions (sulfato de dextrano, fosfotungstato, heparina) em um período de 10 a 15 min; separação do precipitado por centrifugação e determinado o colesterol no sobrenadante. Atualmente já existem métodos diretos de determinação do HDL, também conhecidos como exames homogêneos. Em princípio, eles funcionam de maneira semelhante às outras técnicas, pois dependem de mensuração enzimática do colesterol da HDL, mas não há separação física entre o HDL e as frações não HDL. O colesterol HDL é mensurado seletivamente mascarando o colesterol das frações não HDL de forma que elas não reajam com as enzimas usadas para determinação do colesterol do HDL. Podem ser utilizadas várias substâncias para este mascaramento: anticorpos, polímeros ou agentes formadores de complexos. A grande vantagem do método direto é que as interferências dos níveis de triglicerídeos na amostra superam 1000 mg/dℓ.

No experimento utilizaremos um método indireto para a determinação do HDL-colesterol.

▸ Princípio

O processo a ser utilizado é feito em duas etapas:

a) Precipitação seletiva e quantitativa das VLDL e LDL pela adição de uma mistura de ácido fosfotúngstico e cloreto de magnésio.
b) Determinação do HDL-colesterol presente no sobrenadante utilizando-se ao processo enzimático de determinação do colesterol visto anteriormente.

Materiais

- Tubos de ensaio
- Estante para tubos
- Pipetas
- Banho-maria
- Centrífuga
- Espectrofotômetro.

Reagentes*

- Precipitante: mistura de ácido fosfotúngstico e cloreto de magnésio. Conservar entre 2 e 8°C
- Reagente cor: mistura de enzimas e substâncias cromogênicas (veja em *Preparo de reagentes*, no Apêndice)
- Padrão: solução de colesterol a 200 mg/dℓ
- Amostra: soro sanguíneo obtido ou não após jejum de 12 h (jejum apenas se TG > 440 mg/dℓ. Estável por 2 a 3 dias. Não utilizar amostras fortemente hemolisadas).

Método

O princípio do método para a dosagem do HDL-colesterol segue o mesmo da dosagem de colesterol.

$$\text{Éster de colesterol} \xrightarrow{\text{Colesterol esterase}} \text{colesterol + ácido graxo}$$

$$\text{Colesterol} + O_2 \xrightarrow{\text{Colesterol oxidase}} \text{4-colesterolona} + H_2O_2$$

$$H_2O_2 + \text{4-aminofenazona + fenol} \xrightarrow{\text{Peroxidase}} \text{quinoneimina} + 4\,H_2O$$

*Veja em *Preparo de Soluções,* no Apêndice.

Procedimento

Precipitação. Em um tubo de ensaio seco e limpo, pipetar 0,5 mℓ de soro e acrescentar 0,5 mℓ de reagente precipitante. Agitar vigorosamente e centrifugar a 3.500 rpm durante 15 min, pelo menos, até obter um sobrenadante límpido. Retirar o tubo da centrífuga com extremo cuidado para não ressuspender o precipitado.

Determinação. Rotular três tubos de ensaio designando-os, respectivamente, por amostra (A), padrão (P) e branco (B) e proceder como na Tabela 11.2:

TABELA 11.2

Técnica de preparação dos tubos para o teste de determinação do HDL-colesterol.

Tubos	Sobrenadante	Padrão	Reg. de cor	Misturar, BM 37°C	H_2O	Esfriar, λ = 505 nm
A	0,2 mℓ	–	2 mℓ	10 min	0,5 mℓ	Aa =
P	–	0,02 mℓ	2 mℓ	10 min	0,5 mℓ	Ap =
B	–	–	2 mℓ	10 min	0,5 mℓ	zerar

Cálculos

$$\text{HDL-colesterol (mg/d}\ell\text{)} = \frac{\text{A amostra}}{\text{A padrão}} \times 200 \times 0{,}22$$

Notas. *A)* O número 0,22 é um fator de correção que corrige alterações devidas à diluição da amostra e diferenças de volume entre os tubos A e P. *B)*. Alternativamente, graças a reprodutibilidade do método, pode-se utilizar o fator de calibração para calcular a concentração de HDL-colesterol.

$$\text{HDL-colesterol (mg/d}\ell\text{)} = \text{A amostra} \times \text{fator de calibração}$$

em que:

$$\text{Fator de calibração} = \frac{200}{A_{\text{padrão}}} \times 0{,}22$$

Equação de Friedewald

VLDL-colesterol = triglicerídeos/5 ou simplesmente: VLDL-colesterol = TG/5

Então

LDL-colesterol = colesterol total – (HDL + VLDL) ou LDL-colesterol = CT – (HDL+TG/5)

Atualmente sabe-se que o método de Friedewald tende a superestimar a participação da VLDL e a subestimar a da LDL. Esse problema pode ser contornado pela nova fórmula sugerida por Martin et al. (Tabela 11.3) com o uso de diferentes divisores (x) para o TG, no qual x varia de 3,1 a 11,9. Assim, o LDL-colesterol pode ser calculado com valores de TG na amplitude de 7 mg/dℓ a 13.975 mg/dℓ, ficando na dependência dos valores do não HDL-colesterol para obter seu respectivo divisor (x).

TABELA 11.3

Valores utilizados para o cálculo do colesterol da lipoproteína de densidade muito baixa e posterior cálculo do colesterol da lipoproteína de baixa densidade.*

	Não HDL-colesterol (mg/dℓ)					
Triglicerídeos (mg/dℓ)	**< 100**	**100-129**	**130-159**	**160-189**	**190-219**	**> 220**
7-49	3,5	3,4	3,3	3,3	3,2	3,1
50-56	4,0	3,9	3,7	3,6	3,6	3,4
57-61	4,3	4,1	4,0	3,9	3,8	3,6
62-66	4,5	4,3	4,1	4,0	3,9	3,9
67-71	4,7	4,4	4,3	4,2	4,1	3,9
72-75	4,8	4,6	4,4	4,2	4,2	4,1
76-79	4,9	4,6	4,5	4,3	4,3	4,2
80-83	5,0	4,8	4,6	4,4	4,3	4,2
84-87	5,1	4,8	4,6	4,5	4,3	4,3
88-92	5,2	4,9	4,7	4,6	4,4	4,3
93-96	5,3	5,0	4,8	4,7	4,5	4,4
97-100	5,4	5,1	4,8	4,7	4,5	4,3
101-105	5,5	5,2	5,0	4,7	4,6	4,5
106-110	5,6	5,3	5,0	4,8	4,6	4,5
111-115	5,7	5,4	5,1	4,9	4,7	4,5
116-120	5,8	5,5	5,2	5,0	4,8	4,6
121-126	6,0	5,5	5,3	5,0	4,8	4,6
127-132	6,1	5,7	5,3	5,1	4,9	4,7
133-138	6,2	5,8	5,4	5,2	5,0	4,7
139-146	6,3	5,9	5,6	5,3	5,0	4,8
147-154	6,5	6,0	5,7	5,4	5,1	4,8
155-163	6,7	6,2	5,8	5,4	5,2	4,9
164-173	6,8	6,3	5,9	5,5	5,3	5,0
174-185	7,0	6,5	6,0	5,7	5,4	5,1
186-201	7,3	6,7	6,2	5,8	5,5	5,2
202-220	7,6	6,9	6,4	6,0	5,6	5,3
221-247	8,0	7,2	6,6	6,2	5,9	5,4
248-292	8,5	7,6	7,0	6,5	6,1	5,6
293-399	9,5	8,3	7,5	7,0	6,5	5,9
400-13.975	11,9	10,0	8,8	8,1	7,5	6,7

*Reproduzida do documento: Atualização da Diretriz Brasileira de Dislipidemias e Prevenção da Aterosclerose – 2017.

▸ Resultados e conclusão

Como elucidado anteriormente, é possível a utilização do não HDL-colesterol como parâmetro para avaliação das dislipidemias, que pode ser obtido subtraindo o valor de HDL-colesterol do valor de CT (não HDL-c = CT – HDL-c). Este parâmetro pode ser utilizado na avaliação dos pacientes dislipidêmicos, principalmente naqueles com concentrações de triglicerídeos superiores a 400 mg/dℓ. Na Tabela 11.4 encontram-se os valores referenciais e os de alvo terapêutico, conforme avaliação de risco cardiovascular estimado pelo médico solicitante do perfil lipídico para adultos com mais de 20 anos.

TABELA 11.4

Valores referenciais e de alvo terapêutico, conforme avaliação de risco cardiovascular estimado pelo médico solicitante do perfil lipídico para adultos com mais de 20 anos.*

Lipídios	Com jejum (mg/dℓ)	Sem jejum (mg/dℓ)	Categoria referencial
HDL-colesterol	> 40	> 40	Desejável
LDL-colesterol	< 130	< 130	Baixo
	< 100	< 100	Intermediário
	< 70	< 70	Alto
	< 50	< 50	Muito alto
Não HDL-colesterol	< 160	< 160	Baixo
	< 130	< 130	Intermediário
	< 100	< 100	Alto
	< 80	< 80	Muito alto

*Reproduzida do documento: atualização das Diretrizes Brasileiras de Dislipidemias e Prevenção da Aterosclerose – 2017. Os valores são interpretados pelos médicos conforme a estratificação de risco de cada paciente.

▸ Significado clínico

A classificação laboratorial das dislipidemias na atualização 2017 sofreu modificações, e os valores referenciais e os alvos terapêuticos foram determinados de acordo com o risco cardiovascular individual e com o estado alimentar (Tabela 11.4). As dislipidemias podem ser classificadas de acordo com a fração lipídica alterada em:

Hipercolesterolemia isolada: aumento isolado do LDL-colesterol (LDL-c ≥ 160 mg/dℓ).

Hipertrigliceridemia isolada: aumento isolado dos triglicerídeos (TG ≥ 150 mg/dℓ ou ≥ 175 mg/dℓ, se a amostra for obtida sem jejum).

Hiperlipidemia mista: aumento do LDL-colesterol (LDL-c ≥ 160 mg/dℓ) e dos TG (TG ≥ 150 mg/dℓ ou ≥ 175 mg/dℓ, se a amostra for obtida sem jejum). Se TG ≥ 400 mg/dℓ, o cálculo do LDL-colesterol pela fórmula de Friedewald é inadequado, devendo-se considerar a hiperlipidemia mista quando o não HDL-colesterol ≥ 190 mg/dℓ.

HDL-colesterol baixo: redução do HDL-colesterol (homens < 40 mg/dℓ e mulheres < 50 mg/dℓ) isolada ou em associação ao aumento de LDL-colesterol ou de TG.

▸ Questões

1. Qual o papel da HDL-colestrol no transporte de lipídios séricos?
2. Quais as principais causas de diminuição dos níveis de HDL-colesterol?

12 Dosagem de Triglicerídeos

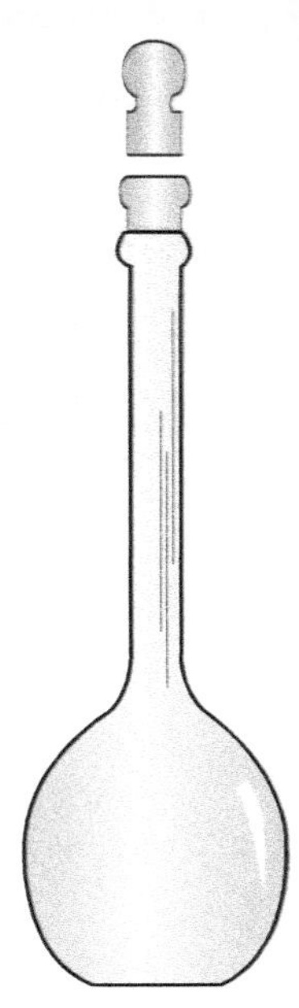

▸ Introdução

Os lipídios são componentes oleosos ou gordurosos, insolúveis em água, que podem ser extraídos por solventes polares. Alguns lipídios atuam como componentes estruturais das membranas e outros como meio de armazenamento de combustível.

Os ácidos graxos, que são os componentes gordurosos dos lipídios, em geral, possuem um número par de átomos de carbono; os mais abundantes possuem de 16 a 18 átomos de carbono.

Em bioquímica clínica devemos nos preocupar com os lipídios existentes no soro, no plasma e nas fezes. Os lipídios totais incluem o colesterol, os seus ésteres, os fosfolipídios, os triglicerídeos, pequenas quantidades de cerebrosídeos, ácidos graxos não esterificados, ácidos fosfatídeos, plasmalógenos, hormônios lipídicos e as vitaminas lipossolúveis.

Os triacilgliceróis são primariamente gorduras de armazenamento e de característica apolar. Os triglicerídeos ou gorduras neutras são formados por três ácidos graxos, unidos ao glicerol por ligação éster (veja Figura 12.1).

Os lipídios do sangue estão no mínimo em 95% conjugados com proteínas, dando lugar às lipoproteínas. Os triacilgliceróis são encontrados nas lipoproteínas de muito baixa densidade (VLDL) de origem hepática e nos quilomícrons (QM) provenientes do processo de digestão lipídica.

Em se tratando de lipídios, o risco de doença cardiovascular está relacionado com as concentrações plasmáticas de colesterol total, LDL-colesterol, HDL-colesterol e triglicerídeos. A inclusão de triglicerídeos é muito discutida, porém estes contribuem para o risco, quando o nível de colesterol total está acima de 190 mg/dℓ.

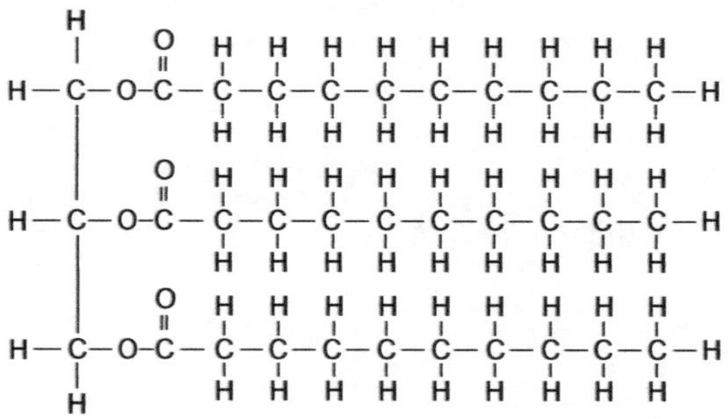

Figura 12.1 Fórmula de triglicerídeo de cadeia carbônica média.

▸ Atividade prática: dosagem de triglicerídeos

▸ Objetivo

Dosagem de triglicerídeos no soro.

▸ Materiais e método

Materiais

- Tubos de ensaio e estante para tubos
- Pipetas e pipetador automático
- Banho-maria

- Espectrofotômetro
- Canetas marcadoras
- Cubetas.

Reagentes*

- Enzimas — conservar entre 2 e 8°C
- Tampão — conservar entre 2 e 8°C (Irritante — evitar contato com a pele e mucosas. Pipetar com cautela)
- Padrão — 100 mg/dℓ conservados entre 15 e 25°C. Após o manuseio, sugere-se armazenar entre 2 e 8°C para evitar evaporação
- Reagente de cor
- Amostra: soro ou plasma (EDTA). Os triglicerídeos na amostra são estáveis por 2 dias entre 2 e 8°C. O armazenamento prolongado da amostra não é recomendado, porque várias substâncias podem ser hidrolisadas, liberando o glicerol e levando à obtenção de resultados falsamente elevados.

Método

Princípio

Os triglicerídeos podem ser hidrolisados por meio de ácidos e bases fortes ou por meio de enzimas (lipases). Após liberação do glicerol, geralmente é efetuada a sua determinação.

A concentração de triglicerídeos é baseada no conteúdo de glicerol.

Os triglicerídeos são determinados de acordo com as seguintes reações:

$$\text{Triglicerídeos} \xrightarrow{\text{Lipase lipoproteica}} \text{glicerol} + \text{ácidos graxos}$$

$$\text{Glicerol} + \text{ATP} \xrightarrow{\text{Glicerol quinase}} \text{glicerol-3-fosfato} + \text{ADP}$$

$$\text{Glicerol-3-fosfato} + O_2 \xrightarrow{\text{Glicerol-3-fosfato oxidase}} \text{diidroxiacetona} + H_2O_2$$

$$2H_2O_2 + \text{4-aminoantipirina} + \text{4-clorofenol} \xrightarrow{\text{Peroxidase}} \text{antipirilquinonimina} + 4H_2O$$

A intensidade da cor vermelha formada é diferente e diretamente proporcional à concentração dos triglicerídeos na amostra.

Características do sistema

Atualmente os métodos modernos para determinação dos triglicerídeos utilizam quatro enzimas que formam um sistema colorimétrico de fácil utilização.

O sistema enzimático para determinação dos triglicerídeos utiliza um tampão biológico que assegura maior sensibilidade e estabilidade de enzimas e reagentes e, associado à reação de Trinder, aumenta a especificidade do sistema.

---

*Veja em *Preparo de Soluções*, no Apêndice.

O sistema é facilmente adaptável à maioria dos analisadores automáticos, capazes de determinar uma reação de ponto final em 510 nm.

Procedimento

Em três tubos de ensaio devidamente marcados por B (branco), P (padrão) e A (amostra), aplicar a dosagem conforme a Tabela 12.1.

TABELA 12.1

Técnica de preparação dos tubos para determinação de triglicerídeos.

Tubos	Branco	Teste	Padrão
Amostra	–	0,04 mℓ	–
Padrão	–	–	0,04 mℓ
Reagente de cor	4,0 mℓ	4,0 mℓ	4,0 mℓ

Na sequência, proceda da seguinte maneira:

- Misture e coloque em banho-maria a 37°C por 10 min. O nível da água no banho deve ser superior ao nível do reagente nos tubos de ensaio;
- Determine as absorbâncias do teste e do padrão em 510 nm ou filtro verde (490 a 540) acertando o zero com o branco. A cor é estável por 60 min.

Cálculos

$$\text{Triglicerídeos (mg/d}\ell\text{)} = \frac{\text{Absorbância de teste}}{\text{Absorbância do padrão}} \times 200$$

Devido à grande reprodutividade que pode ser obtida com a metodologia, o método do fator pode ser empregado.

$$\text{Fator de calibração} = \frac{200}{\text{Absorbância do padrão}}$$

$$\text{Triglicerídeos (mg/d}\ell\text{)} = \text{Absorbância do teste} \times \text{fator.}$$

Nota: *Linearidade:* a reação é linear até 800 mg/dℓ. Quando a absorção do teste for maior do que 0,8, diluir o produto corado e o branco com água destilada, fazer nova leitura e multiplicar o resultado obtido pelo fator de diluição. Se após a diluição for obtido valor igual ou maior do que 800 mg/dℓ, diluir a amostra com NaCl 0,85%, realizar nova determinação e multiplicar o resultado obtido pelo fator de diluição. Diluir a amostra de tal modo que o valor encontrado se encontre entre 100 e 250 mg/dℓ.

▶ Resultados e conclusão

A taxa desejável de triglicerídeos no soro em pessoas normais deve ser menor que 150 mg/dℓ (1,5 mmol/ℓ) na dosagem em jejum de 12 horas e menor que 175 mg/dℓ (1,5 mmol/ℓ) na dosagem sem jejum. O aumento de triglicerídeos também pode ser a causa de dislipidemias secundárias desencadeadas por doenças, medicamentos ou fatores ambientais, entre as quais se destacam: síndrome metabólica, excesso de álcool, obesidade, gravidez, hipotireoidismo, insuficiência renal, diuréticos, betabloqueadores, estrógenos, anticoncepcionais orais, síndrome de Cushing, diabetes melito, síndrome da imunodeficiência adquirida.

▶ Questões

1. Quais as fontes de triglicerídeos para o organismo?
2. Discuta duas condições nas quais podemos alterar os níveis de triglicerídeos séricos.

13 Transaminases

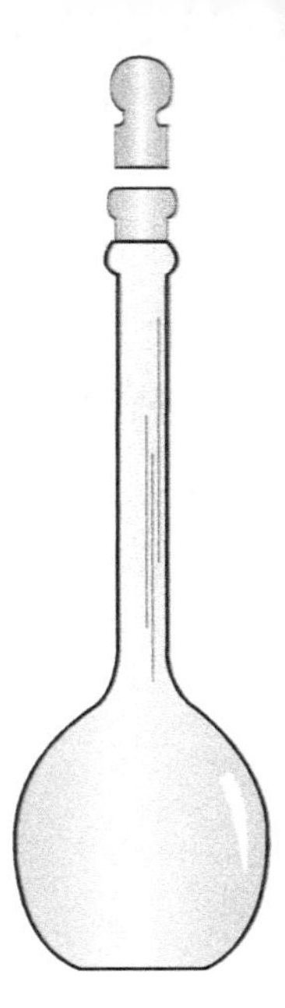

▸ Introdução

Os aminoácidos que não são utilizados de imediato para síntese de proteínas e outras biomoléculas não podem ser armazenados nas células, como ocorre com os ácidos graxos e a glicose, nem podem ser excretados. Assim, esses aminoácidos devem ser degradados. A degradação desses aminoácidos compreende a remoção e a excreção do grupo amino e a oxidação da cadeia carbônica (α-cetoácido) remanescente. O grupo amino é convertido em ureia e as cadeias carbônicas resultantes são convertidas a compostos comuns ao metabolismo de carboidratos e lipídios, ou seja, piruvato, acetil-CoA e intermediários do ciclo de Krebs (veja Figura 13.1).

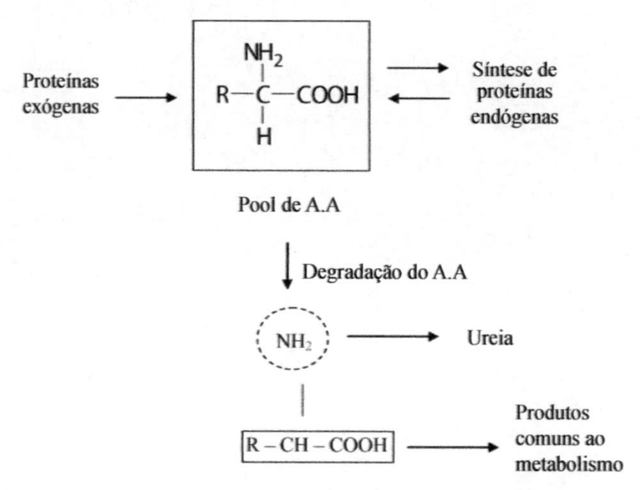

Figura 13.1 Esquema mostrando a degradação de aminoácidos não utilizados pelas células do organismo.

O grupo amino não é convertido diretamente em ureia. Na maioria dos aminoácidos, é retirado por um processo comum, que consiste na transferência deste grupo para o α-cetoglutarato, formando glutamato: a cadeia carbônica é convertida ao α-cetoácido correspondente:

$$\text{Aminoácido} + \alpha\text{-cetoglutarato} \rightleftharpoons \text{Glutamato} + \alpha\text{-cetoácido}$$

Estas reações são catalisadas por aminotransferases, também chamadas transaminases, enzimas presentes no citosol e na mitocôndria (abundantes no coração, fígado, rim, cérebro e testículo). As transaminases têm como coenzima o piridoxal-fosfato, derivado da vitamina B_6, que pode ser encontrada na natureza sob três formas: piridoxina, piridoxal (PAL) e piridoxamina (PAM) (veja Figura 13.2).

Existem 12 tipos de transaminases que catalisam a eliminação do nitrogênio através do glutamato. Duas transaminases clinicamente importantes serão aqui destacadas. Seus nomes derivam do aminoácido doador do grupo amino para o α-cetoglutarato, a saber:

1. **Alanina aminotransferase (ou alanina transaminase) – Anteriormente denominada Transaminase glutâmico pirúvica (GTP ou TGP)**

$$\text{Alanina} + \alpha\text{-cetoglutarato} \rightleftharpoons \text{glutamato} + \text{piruvato}$$

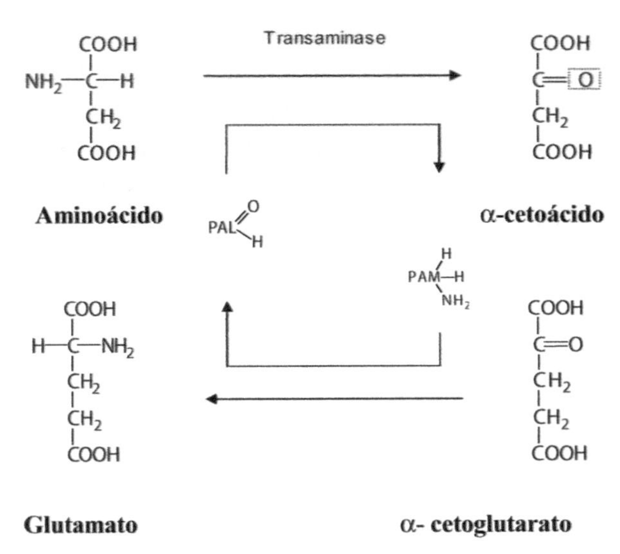

Figura 13.2 Reação geral de transaminação. Inicialmente o grupo amino de um aminoácido é transferido ao piridoxal fosfato (PAL), que é convertido a piridoxamina fosfato (PAM); a seguir é doado ao α-cetoglutarato, produzindo glutamato.

2. Aspartato aminotransferase (aspartato transaminase) – Anteriormente denominada transaminase glutâmico oxaloacética (GOT ou TGO)

$$\text{Aspartato} + \alpha\text{-cetoglutarato} \rightleftharpoons \text{glutamato} + \text{oxaloacetato}$$

Seguem as reações químicas catalisadas pelas transaminases *alanina transaminase* e *aspartato transaminase* (veja Figura 13.3).

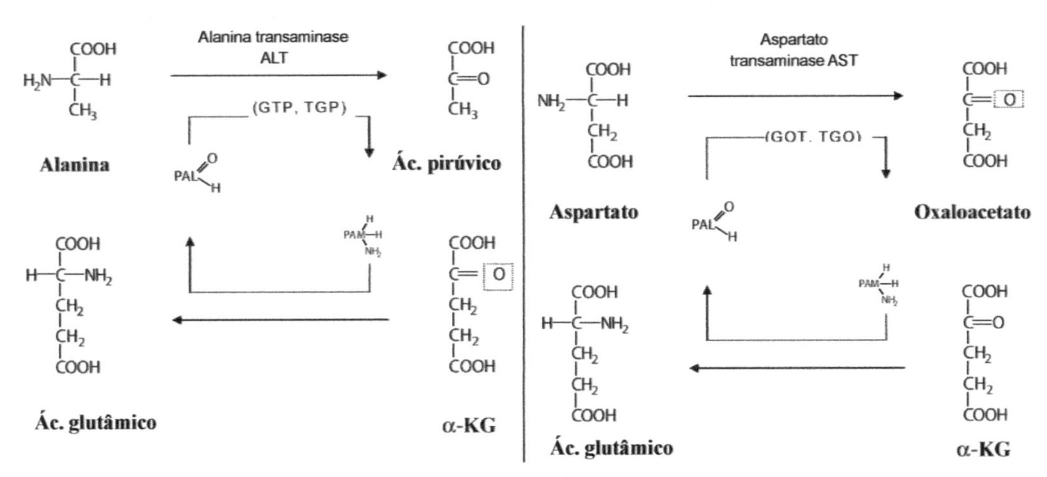

Figura 13.3 Reações químicas catalisadas pelas transaminases alanina transaminase e aspartato transaminase.

Estas duas transaminases, a alanina aminotransferase ou transaminase glutâmico-pirúvica (ALT ou TGP) e a aspartato aminotransferase ou transaminase glutâmico-oxalacética (AST ou TGO), são clinicamente importantes por serem utilizadas como marcadoras de lesão celular. Como são enzimas intracelulares, em geral, os níveis séricos de AST e ALT são baixos (devido à troca normal dos tecidos). Qualquer destruição significativa de tecido dá origem a níveis elevados de transaminases séricas. Portanto, o objetivo da dosagem dessas enzimas é verificar se houve lesão tecidual. Quando essas enzimas são medidas no soro, os valores obtidos são conhecidos como atividade de AST ou SGPT (de Serum glutamate-piruvate transaminase) e ALT ou SGOT (de Serum glutamate-oxaloacetate transaminase). As concentrações destas enzimas no sangue aumentam após um ataque cardíaco, quando as células cardíacas lesadas vazam o seu conteúdo intracelular. De modo semelhante, a lesão hepática pode ser monitorada pelas leituras da SGOT e SGPT.

▸ Atividade prática: dosagem de transaminases

▸ Objetivo

Determinar a atividade de transaminases em uma amostra de soro.

▸ Materiais e método

Materiais

- Tubos de ensaio
- Estante
- Canetas marcadoras
- Cubetas
- Pipetas
- Banho-maria
- Espectrofotômetro
- Papel absorvente.

Reagentes*

- Reagentes de trabalho; reativo padrão; reativo substrato GOT; reativo substrato GPT; reativo 2,4 DNFH; reativo NaOH.

Método

Fundamento

As transaminases ALT e AST catalisam as seguintes reações:

A) Ácido α-cetoglutárico + alanina $\underset{}{\overset{ALT}{\rightleftarrows}}$ Ácido glutâmico + Ácido pirúvico

B) Ácido α-cetoglutárico + Ácido aspártico $\overset{AST}{\rightleftarrows}$ Ácido glutâmico + Ácido oxalacético

A atividade das transaminases é determinada medindo a quantidade de piruvato ou oxaloacetato formada em condições padrão (pH e temperatura) enquanto o α-KG (α-cetoglutarato) se transforma em ácido glutâmico.

O piruvato ou oxaloacetato formados reagem com a 2,4 DNFH (dinitro-fenil hidrazina) produzindo, em meio alcalino, um composto colorido que é medido a 505 nm.

Piruvato ou oxaloacetato + 2,4 DNFH $\longrightarrow$ 2,4 dinitro-fenil hidrazona (cor castanha).

*Veja em *Preparo de Soluções*, no Apêndice.

Procedimento

O procedimento deste prático está dividido em duas etapas:

A) Leitura das absorbâncias da amostra.

B) Montagem da curva de calibração (confeccionada previamente para utilização).

Leitura das absorbâncias da amostra.

Deve-se empregar como amostra soro não hemolisado, pois os glóbulos vermelhos contêm 3 a 5 vezes mais enzimas que o soro. Não é necessário que o paciente esteja em jejum. Preparar os tubos para o teste conforme Tabela 13.1.

TABELA 13.1

Técnica de preparação dos tubos para a leitura das absorbâncias da amostra na determinação de transaminases.

	Tubo 1	Tubo 2
Colocar AST/GOT (α-KG + aspartato)	0,5 mℓ	–
Colocar ALT/GTP (α-KG + alanina)	–	0,5 mℓ
Misturar e incubar	Temperatura 37°C por 2 min	
Colocar o soro	0,2 mℓ	0,1 mℓ
Misturar e incubar	37°C por 30 min	
Colocar DNFH	0,5 mℓ	0,5 mℓ
Repouso	20 min	20 min
Colocar NaOH	5,0 mℓ	5,0 mℓ
Misturar por inversão	Repouso 5 min	
Leitura – zerar com água destilada (cor estável por 30 min)	505 nm A=..........	505 nm A=........

Informações sobre a montagem da curva de calibração.

Prepararam-se os tubos para a curva de calibração conforme Tabela 13.2.

TABELA 13.2

Técnica de preparação dos tubos para montagem da curva-padrão na determinação das transaminases.

Tubos	1	2	3	4	5
Padrão/mℓ	–	0,1 mℓ	0,2 mℓ	0,3 mℓ	0,4 mℓ
AST/GOT	1,0 mℓ	0,9 mℓ	0,8 mℓ	0,7 mℓ	0,6 mℓ
Água destilada	0,2 mℓ	0,2 mℓ	0,2 mℓ	0,2 mℓ	0,2 mℓ
Misturar					
Agregar a cada tubo com intervalo de 30'	1,0 mℓ de DNFH	1,0 mℓ de DNFH	1,0 mℓ de DNFH	1,0 mℓ de DNFH	1,0 mℓ de DNFH

Deixar por 20 min em temperatura ambiente, contados a partir da colocação do reativo DNFH no 1º tubo.

Colocar 10 mℓ de NaOH 0,4 mol/ℓ em todos os tubos.

Misturar por inversão.

Deixar em repouso por 5 min.

Leitura a 505 nm (acertar zero com água destilada).

As concentrações das transaminases nos tubos de 1 a 5 são apresentadas a seguir:

Tubos	1	2	3	4	5
GOT/UK/mℓ	0,0	24	61	114	190
GPT/UK/mℓ	0,0	28	57	97	150

A curva de calibração foi construída da seguinte forma: em papel milimetrado foi traçado um sistema de coordenadas colocando no eixo vertical as leituras obtidas e no eixo horizontal os valores em UK/mℓ. Veja gráficos na Figura 13.4.

Cálculo

As leituras das absorbâncias da amostra que foram obtidas são proporcionais às atividades das enzimas (GOT/GTP) presentes no soro. Estes valores devem ser transportados para a curva de calibração e a seguir detectar a concentração das transaminases em UK/mℓ.

Nota. Para transformar UK/mℓ em U/ℓ use a seguinte fórmula: U/ℓ = unidade Karmen/mℓ × 0,482.

Amostras com leituras de valores superiores aos da curva de calibração devem ser diluídas com solução fisiológica e repetida a reação para obter nova leitura (veja Tabela 13.1).

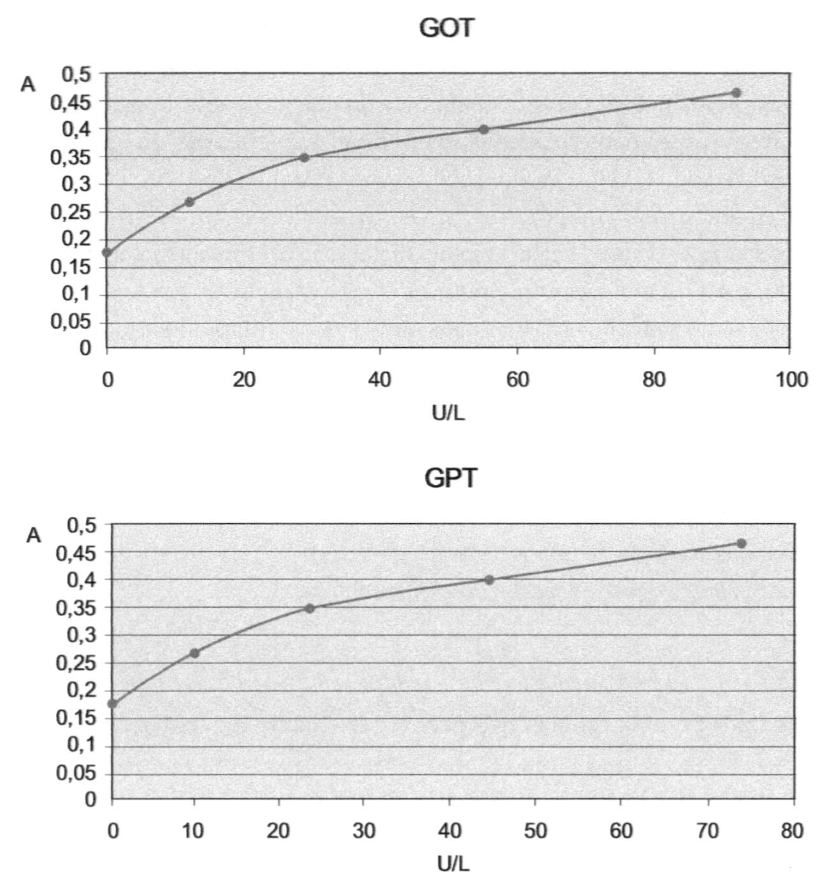

Figura 13.4 Gráficos das curvas de calibração das transaminases GOT e GPT.

▶ Resultados e conclusão

Veja a seguir os valores de referência para a determinação das transaminases e suas interpretações.

Valores de referência

AST/GOT: 8 a 40 UK/mℓ ou 4 a 20 UL

ALT/GPT: 5 a 32 ou UK/mℓ ou 2 a 18 UL

A AST é encontrada em altas concentrações no citoplasma e nas mitocôndrias do fígado, dos músculos esquelético e cardíaco, dos rins, do pâncreas e dos eritrócitos (glóbulos vermelhos do sangue); quando qualquer um desses tecidos é danificado, a AST é liberada no sangue. Como não há um método laboratorial para saber qual a origem da AST encontrada no sangue, o diagnóstico da causa do seu aumento deve levar em consideração a possibilidade de lesão em qualquer um dos órgãos onde é encontrada.

A ALT é encontrada em altas concentrações apenas no citoplasma do fígado, o que torna o seu aumento mais específico de lesão hepática; no entanto, pode estar aumentada em conjunto com a AST em miopatias (doenças musculares) graves.

Além das características individuais, a relação entre o aumento das enzimas tem valor diagnóstico. Tanto a AST quanto a ALT costumam aumentar ou diminuir mais ou menos na mesma proporção em doenças hepáticas. Elevações pequenas de ambas, ou apenas da ALT em pequena proporção são encontradas na hepatite crônica e, como na hepatite alcoólica, há maior lesão mitocondrial proporcionalmente do que nas outras hepatopatias. Observa-se tipicamente elevação mais acentuada (o dobro ou mais) de AST do que de ALT, ambas geralmente abaixo de 300 U/ℓ. As elevações de ambas acima de 1.000 U/ℓ são observadas em hepatites agudas virais ou por drogas. Os níveis altos continuados de transaminases durante a recuperação de uma hepatite indicam necrose contínua hepatocelular. No infarto do miocárdio, a AST é alta nas primeiras 12 h após o ataque, atingindo o máximo de 24 a 43 h, voltando ao normal em 4 a 7 dias após o infarto. No infarto do miocárdio, o aumento da AST é muito maior do que o aumento de ALT. Como exemplos de outros quadros em que ocorre alteração de transaminases destacam-se a mononucleose infecciosa, o infarto renal, as queimaduras graves, traumas e poliomielite.

São causas normais de variações na atividade da transaminase:

- *Fatores dietéticos* (o aumento ou a diminuição de ingestão de piridoxina é seguido por aumento ou diminuição de níveis da transaminases).
- *Atividades físicas vigorosas, gestação e diferença de idade.*

▸ Questões

1. Quais os tipos de aminoácidos que podem ser sintetizados por reações de transaminação?
2. Qual a importância clínica da dosagem de transaminases?

14 Dosagem de Ureia

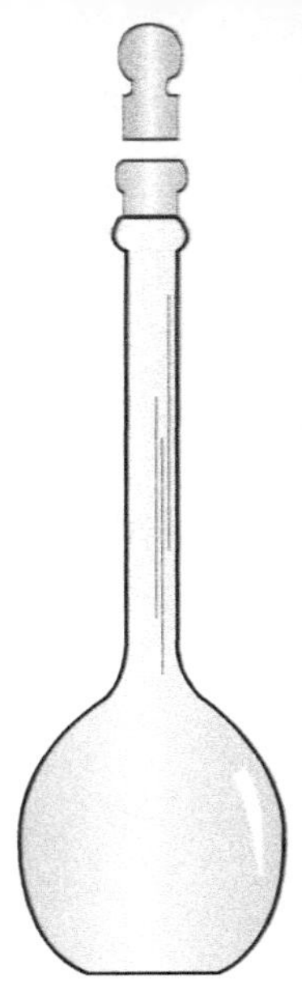

▸ Introdução

Os compostos constituintes de nosso organismo não são permanentes, estão em constante síntese e degradação. No caso das proteínas, estima-se que para um adulto com uma dieta adequada haja uma renovação (*turnover*) de 400 g por dia. Os aminoácidos são a matéria-prima para a síntese das proteínas em nosso organismo, estas podem ser provenientes da degradação de proteínas exógenas (dieta), proteínas endógenas, ou ainda sintetizadas pelo próprio organismo por meio de reações especiais carbônicas, são transformadas em compostos comuns ao metabolismo de carboidratos e lipídios.

Os seres vivos não são capazes de armazenar aminoácidos nem proteínas e, assim, atendidas as necessidades de síntese, os aminoácidos excedentes são degradados. A degradação dos aminoácidos compreende a remoção do grupo amino e a oxidação da cadeia carbônica remanescente (reação de desaminação). O grupo amino por desaminação dá origem à amônia que, em sua maioria, é convertida em ureia no fígado. As cadeias carbônicas são transformadas em compostos comuns ao metabolismo de carboidratos e lipídios (Figura 14.1).

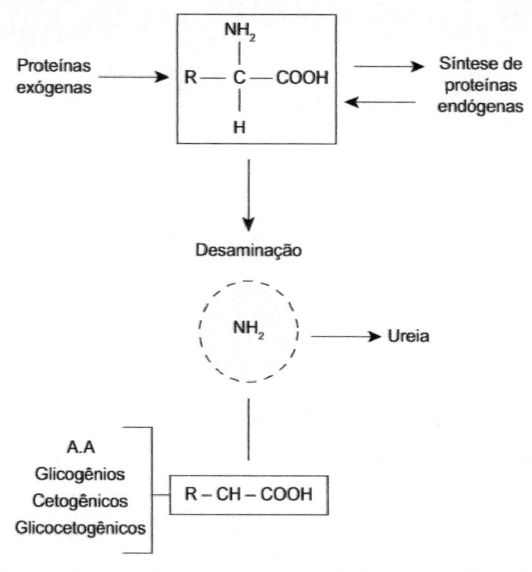

Figura 14.1 Degradações das proteínas que dão origem aos aminoácidos que são desaminados e têm seu grupo amino convertido em ureia.

A ureia foi descoberta por Hilaire Rouelle em 1773. Foi o primeiro composto orgânico sintetizado artificialmente (por Friedrich Woehler, em 1828), obtido a partir do aquecimento do cianeto de potássio (sal inorgânico). Essa síntese derrubou a teoria de que os compostos orgânicos só poderiam ser sintetizados pelos organismos vivos (teoria da força vital).

Nos seres vivos a ureia se forma a partir dos grupos NH_2 dos aminoácidos e constitui, no homem, o produto final do metabolismo do nitrogênio.

São necessários 2 mols de NH_3 e 1 mol de CO_2 para a síntese de ureia no ciclo da ureia (ciclo de Krebs e Hanseleit). O processo envolve a conversão da ornitina em citrulina e desta em arginina. No final do ciclo, a ornitina é regenerada e a ureia, produzida. O CO_2 e o NH_3 são introduzidos no ciclo por moléculas 'transportadoras' cuja formação requer ATP. Deficiências das enzimas do ciclo da ureia resultam no acúmulo de amônia no sangue. Casos graves frequentemente são fatais nos primeiros dias após o nascimento.

A ureia chega ao sangue e se difunde para todos os tecidos e líquidos do organismo. Dessa forma, o sangue, a linfa, o liquor e a bile possuem, aproximadamente, a mesma concentração de ureia. A maior parte da ureia é, então, excretada pela urina.

Como a ureia tem a sua formação no fígado, nas moléstias hepáticas graves o nível de nitrogênio ureico no sangue diminui. Por outro lado, uma vez que a sua excreção é predominantemente na urina, nos problemas renais observa-se hiperuremia. Vale lembrar que a ingestão de proteína da dieta afeta a concentração de ureia no soro.

▸ Atividade prática: dosagem de ureia

▸ Objetivo

Determinar a concentração de ureia em uma amostra de soro.

▸ Materiais e método

Materiais

- Tubos de ensaio
- Estante
- Pipetas e micropipetas
- Banho-maria
- Espectrofotômetro.

Reagentes*

- Reagentes de trabalho: urease; reagente 1 (mistura de salicilato de sódio, nitroprussiato de sódio e EDTA dissódico); reagente 2 (hipoclorito de sódio e hidróxido de sódio);
- Solução padrão (solução de ureia 80 mg/dℓ).

Método

O fundamento do método de determinação de ureia é apresentado no esquema a seguir e, posteriormente, a Tabela 14.1 resume os procedimentos que devem ser adotados para a realização do teste.

Fundamento

$$\text{Ureia} \xrightarrow{\text{Urease}} \underset{\text{Amônia}}{2NH_3} + \underset{\text{gás carbônico}}{CO_2}$$

Em meio alcalino, a amônia, na presença de salicilato + hipoclorito, reage formando um cromógeno azul-esverdeado. A intensidade da cor é diretamente proporcional à concentração da ureia na amostra.

Procedimento

Preparar os tubos para o teste conforme a Tabela 14.1.

*Veja em *Preparo de Reagentes*, no Apêndice.

TABELA 14.1
Técnica de preparação dos tubos para teste de determinação de ureia.

	Branco	Padrão	Amostra
Amostra	—	—	10 μℓ
Padrão	—	10 μℓ	—
Reativo trabalho 1	1 mℓ	1 mℓ	1 mℓ
Misturar e incubar	Temperatura de 37° por 5 min		
Reativo 2	1 mℓ	1 mℓ	1 mℓ
Misturar e incubar	Temperatura de 37° por 5 min		
Leitura	Zerar aparelho	600 nm	600 nm

Cálculo: a concentração de ureia em mg/dℓ pode ser obtida a partir da seguinte fórmula.

$$\text{Ureia (mg/d}\ell\text{)} = \frac{\text{Absorbância amostra}}{\text{Absorbância padrão}} \times \text{Concentração do padrão}$$

▶ Resultados e conclusão

Veja, a seguir, os valores de referência para a determinação de ureia e suas interpretações.

Valores de referência

Soro: 10 a 50 mg/dℓ ou 1,7 a 8,3 mmol/ℓ

Urina: 15 a 30 g/24 h.

Interpretação

Valores da ureia no sangue

Hiperuremia (aumento de ureia): problemas renais, intoxicação com CCl_4 e $HgCl_2$, ingestão aumentada de proteínas, coma diabético, insuficiência circulatória e desidratação.

Hipouremia (diminuição de ureia): gravidez, insuficiência hepática e desnutrição.

Valores da ureia urinária

A dosagem da ureia na urina é de limitado valor semiológico. Seus valores amplos estão na dependência da dieta.

Aumento: dietas hiperproteicas nos estados febris, nas neoplasias e no hipertireoidismo.

Diminuição: dietas pobres em proteínas, insuficiência renal e insuficiência hepática grave.

▶ Questões

1. Qual a finalidade da produção de ureia?
2. É possível dietas hiperproteicas modificarem os valores da determinação de ureia?

15 Coagulação Sanguínea

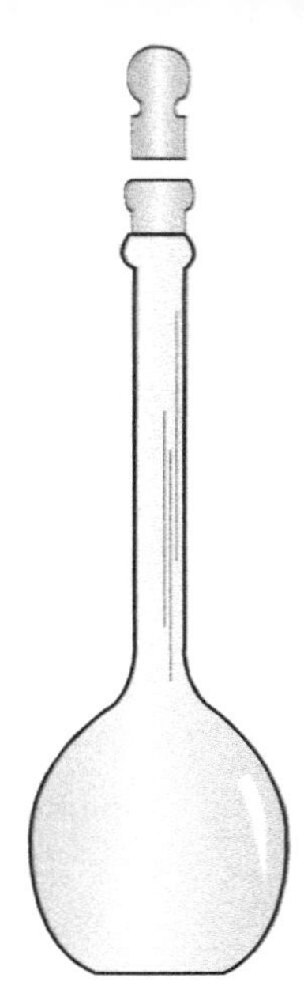

▸ Introdução

O sangue é um líquido contido em um compartimento fechado, o aparelho circulatório, este o mantém em movimento regular e unidirecional devido às contrações rítmicas do coração. Ele é formado pelo plasma — fase líquida na qual os elementos figurados estão suspensos — e pelos elementos figurados ou glóbulos sanguíneos — as hemácias, ou eritrócitos, os leucócitos e as plaquetas.

O sangue desempenha várias funções, entre elas a respiração, o transporte dos gases oxigênio e carbônico entre os pulmões e os tecidos, a manutenção do equilíbrio acidobásico normal e a defesa contra as infecções por intermédio dos leucócitos e dos anticorpos circulantes, além de conter muitas proteínas solúveis no plasma que participam do transporte de metabólitos, bem como do mecanismo da coagulação sanguínea.

Quando o sangue é retirado do sistema circulatório por meio de punção venosa, podemos obter *in vitro* a separação dos elementos figurados e da parte líquida, a qual pode ser de duas formas: soro ou plasma. Separa-se o plasma ou soro por meio de centrifugação.

Quando a coleta de sangue é feita sem anticoagulante, o sangue é deixado em repouso e, depois do coágulo formado, leva-se à centrífuga, obtendo-se por meio da sedimentação do coágulo o sobrenadante denominado soro. O sangue coletado com anticoagulante é misturado suavemente por inversões sucessivas do tubo que o contém e centrifugado para a separação do plasma por meio de sedimentação dos elementos figurados (veja Figura 15.1).

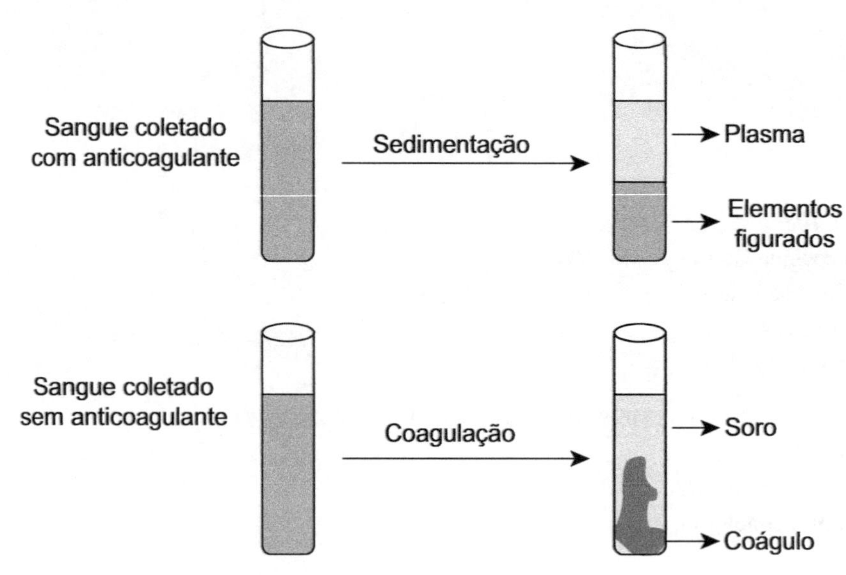

Figura 15.1 Diferença entre soro e plasma.

▸ Sobre a coagulação sanguínea

Quando há lesão de um vaso sanguíneo, ocorre perda de sangue durante um intervalo variável de tempo. Em seguida verifica-se o cessamento do sangramento ou da hemostasia, definida como um conjunto de fatores ou mecanismos utilizados pelo organismo para manter o sangue fluido e circulante no interior dos vasos sanguíneos, sem extravasamento, o que caracteriza a hemorragia e, sem solidificação, o que caracteriza a trombose. Se não há hemorragia ou trombose, ocorre o estado de equilíbrio do organismo. A hemostasia é regulada por três fatores: extravasculares, vasculares e intravasculares (veja Figura 15.2).

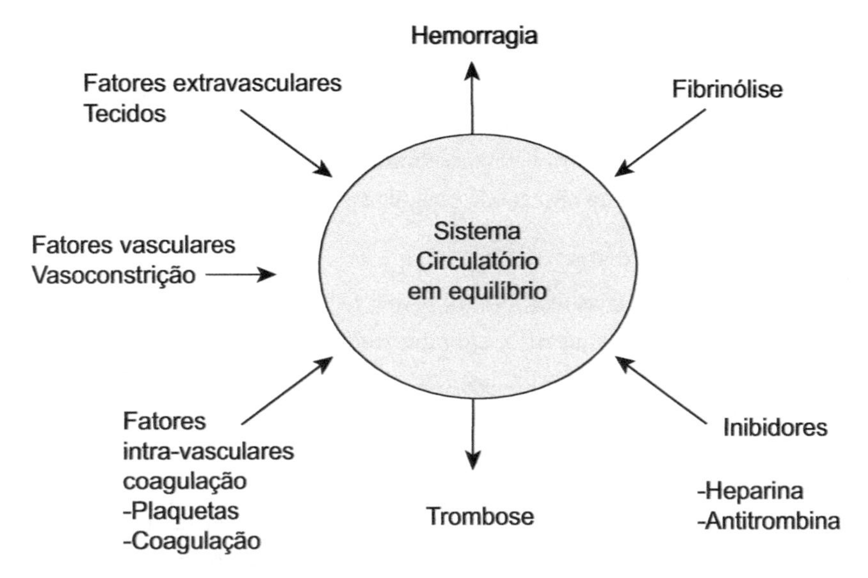

Figura 15.2 Conceito de hemostasia.

Os *fatores extravasculares* compreendem os tecidos localizados ao redor dos vasos (pele, tecido elástico e músculos), cujos efeitos físicos (tonicidade, consistência e elasticidade) contribuem para o fechamento do vaso lesado. Seus efeitos bioquímicos, provenientes das substâncias liberadas dos tecidos traumatizados, iniciam a ativação da coagulação intravascular, interagindo com os fatores plaquetários e plasmáticos.

Os *fatores vasculares* estão intimamente relacionados com a estrutura vascular lesada, a qual se contrai e retrai precocemente. Isso se deve ao mecanismo de vasoconstrição reflexo local ou em parte pela ação humoral provocada pela liberação de histamina.

Os *fatores intravasculares* compreendem todos aqueles fatores que participam do processo da coagulação sanguínea.

O processo de hemostasia envolve várias etapas sequenciais. Em primeiro lugar, as plaquetas tornam-se viscosas e aderem aos vasos sanguíneos lesados, fixando-se ao tecido conjuntivo endotelial, por exemplo, às fibras de colágeno e à membrana basal. As plaquetas também aderem entre si, formando uma rolha, que é suficiente para interromper o sangramento se a lesão for pequena. À medida que se agregam, elas liberam aminas vasoativas e metabólitos das prostaglandinas que estimulam a vasoconstrição. Em seguida, inicia-se a ativação da cascata da coagulação do sangue ao redor das plaquetas e dos tecidos lesados, resultando na formação do coágulo ou de um trombo, que constitui a principal defesa química contra a perda de sangue. A dissolução subsequente do coágulo se deve à ativação do sistema fibrinolítico.

O mecanismo hemostático básico normalmente é rápido e localizado, mas o sistema não deixa de ter seus riscos. Hemostasia exagerada no local da lesão leva à trombose excessiva e pouca hemostasia conduz ao sangramento persistente.

Por que a integridade vascular é importante?

Porque grandes fendas nas paredes vasculares, principalmente em vasos sob pressão, não podem ser fechadas por plaquetas ou pela rede de fibrina.

Por que as plaquetas são importantes?

Porque o tampão inicial é formado pelas plaquetas ao longo dos primeiros 5 min após a lesão vascular. Além disso, a superfície da membrana plaquetária é necessária para iniciar e manter as reações enzimáticas da cascata da coagulação.

Por que a cascata da coagulação é importante?

O tampão plaquetário é apenas temporário. Sem a rede de fibrina fornecendo uma estrutura de apoio para o tampão plaquetário, ele rapidamente se rompe. Esta rede de fibrina é chamada coágulo. A deposição de fibrina localiza-se no local da lesão por necessitar de uma superfície plaquetária ativada sobre a qual interage.

Por que a lise do coágulo é importante?

Para restabelecer o fluxo sanguíneo normal em um vaso previamente lesado é necessária a remoção do coágulo da fibrina e das plaquetas presas. Isso ocorre pela lise do coágulo, porém, se for precoce, pode resultar em novo sangramento.

As plaquetas desempenham vários papéis na coagulação:

- formam a rolha plaquetária nos vasos lesados, aderindo às estruturas celulares subendoteliais expostas;
- constituem o local de ativação de alguns fatores da coagulação;
- fornecem a superfície à qual se ligam certos fatores da coagulação;
- constituem a fonte de alguns fatores da coagulação, como o fator XIII e fosfolipídios.

▸ Cascata da coagulação

São várias as substâncias que participam do processo de coagulação do sangue. São denominadas fatores da coagulação e apresentam uma vida média de aproximadamente 13 h. As reações são de natureza enzimática, pois muitos desses fatores são proenzimas. Estes se encontram no plasma, sob a forma de precursores inativos (zimogênios), devendo ser ativados para se tornarem biologicamente ativos durante o processo da coagulação. A ativação de cada fator é realizada em fases, em que cada enzima formada reage com seu substrato específico, convertendo-o em enzima ou fator ativo. Em virtude desta sequência de transformações proenzima-enzima ser comparada a uma cascata, esta foi denominada teoria da cascata (veja Figura 15.3). De acordo com a nomenclatura internacional, estabelecida em 1954 pelo International Committee on Nomenclature of Blood Clotting Factors, as formas precursoras inativas desses fatores são designadas por algarismos romanos, enquanto as ativas correspondentes pelos mesmos algarismos acompanhados da letra "a" (veja Tabela 15.1).

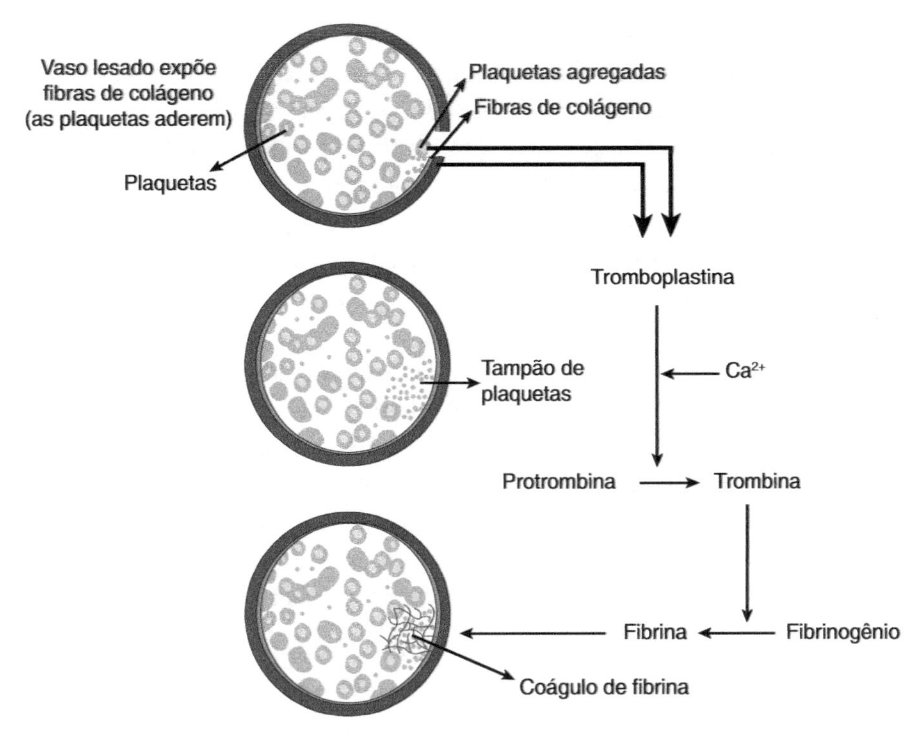

Figura 15.3 Mecanismo simplificado da coagulação sanguínea.

TABELA 15.1

Nomenclatura numérica dos fatores da coagulação sanguínea.

Fator	Sinônimo
I	Fibrinogênio
II	Protrombina*
III	Tromboplastina tecidual, fator tissular
IV	Cálcio
V	Fator lábil, proacelerina, globulina aceleradora
VII	Fator estável, proconvertina*
VIII	Fator anti-hemofílico A, fator de von Willebrand
IX	Componente tromboplastínico do plasma, fator Christmas*
X	Fator Stuart-Power*
XI	Antecedente tromboplastínico do plasma, fator anti-hemofílico C
XII	Fator Hageman, fator contato
XIII	Fator estabilizante de fibrina, fator Laki-Lorand
	Pré-calicreína, fator Fletcher
	Cininogênio de alto peso molecular (HMWK), fator Fitzgerald
	Proteína C*

*Fatores dependentes de vitamina K.

Os fatores VII, IX, X e II são sintetizados no fígado e suas produções normais são dependentes da ingestão adequada de vitamina K, pois os antimetabólitos da vitamina K, como o dicumarol e seus derivados, inibem a síntese desses fatores.

O objetivo final da coagulação sanguínea é a formação do coágulo de fibrina. Para se conseguir esse evento estão envolvidos dois mecanismos: o extrínseco e o intrínseco.

- **Mecanismo extrínseco:** consiste no mecanismo da coagulação ativado por substâncias procedentes dos tecidos (tromboplastina tecidual ou fator III), ausente no sangue. Esta substância forma um complexo com o fator VII, íons cálcio e fator plaquetário 3, transformando o fator X no fator X_a;
- **Mecanismo intrínseco:** os fatores da coagulação encontram-se presentes no sangue para serem utilizados, desde que sejam ativados. A lesão vascular ou o contato com as fibras de colágeno servem para a ativação *in vivo* do fator XII. O fator XII_a, na presença de cininogênio de alto peso molecular, ativa o fator XI. O fator IX é ativado pela presença do fator XI_a, em IX_a, que, junto com o fator VII_a (do mecanismo extrínseco), ativam o fator X.

O fator X_a, proveniente do mecanismo extrínseco ou intrínseco, com o auxílio do cálcio e do fator plaquetário 3 (Fp3), promove a transformação da protrombina em trombina.

E a trombina faz o quê?

A trombina é responsável pela:

- Manutenção da ativação do fator VII junto com o fator X_a;
- Ativação do fator VIII, para manter a ativação do fator X;
- Ativação do fator V para sua própria manutenção;
- Transformação do fibrinogênio em fibrina — que constitui o monômero de fibrina solúvel —, que se polimeriza formando uma malha de fibrina ainda solúvel;
- Ativa o fator XIII em XIII_a, o qual age sobre a malha de fibrina, estabilizando-a e tornando-a uma malha insolúvel, que constitui o coágulo compacto;
- Ativação da proteína C — que inativa especificamente os fatores V e VIII por proteólise — em um mecanismo de proteção contra a coagulação intravascular.

Fibrinólise

O produto final da coagulação, a malha de fibrina, depois de exercer sua ação hemostática, é destruída por um processo denominado fibrinólise ou lise do coágulo, que torna o sistema vascular livre dos depósitos de fibrina e permite a reconstituição do vaso lesado. A responsável por essa ação é a plasmina, uma fibrolisina ausente no sangue circulante, mas presente na sua forma inativa: o plasminogênio. Ele é uma proenzima que, pela ação de ativadores plasmáticos e teciduais, é convertido em plasmina, que, por sua vez, é uma enzima proteolítica que age sobre a fibrina, transformando-a em pequenos fragmentos (fibrinopéptides), os quais desaparecem rapidamente da circulação. A este sistema fibrinolítico se antepõe um sistema anticoagulante que tem por finalidade evitar uma coagulação excessiva ou uma trombose. Como componentes desse sistema temos a heparina (produzida pelos mastócitos) e a antitrombina III (que limita a atividade da trombina). Tal limitação é de fundamental importância, pois a trombina contida em 10 mℓ de plasma seria capaz de provocar a coagulação de todo o sangue do organismo se não fosse inativada.

A ação da plasmina no sangue circulante é limitada pela α_2-antiplasmina, que com ela se liga formando complexos plasmina–antiplasmina rapidamente removidos da circulação pelos macrófagos. A α_2-antiplasmina é uma proteína plasmática que inibe especificamente a plasmina e ajuda a regular sua ação. Devido à concentração de plasmina se elevar, esta degrada, além da fibrina, o fibrinogênio e os fatores V e VIII (veja Figura 15.4).

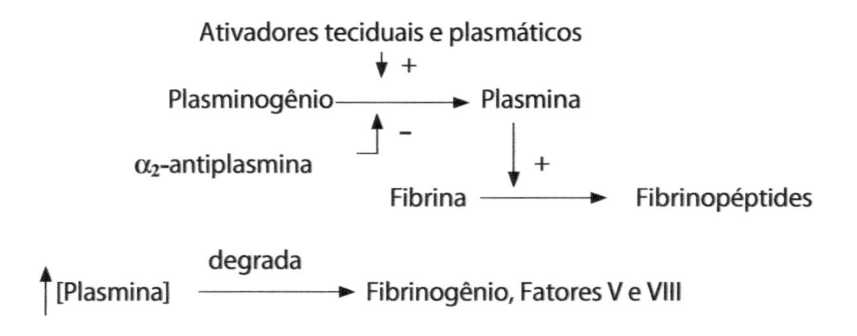

Figura 15.4 Mecanismo de fibrinólise.

▸ Anticoagulantes

A coagulação do sangue é evitada por dois tipos de substâncias:

- As substâncias que são utilizadas *in vitro* para a coleta do sangue;
- As que atuam *in vivo*, a fim de limitar a coagulação e ajudar na própria regulação.

O primeiro tipo inclui principalmente os agentes que removem o Ca^{+2}, essencial em muitas das etapas da coagulação sanguínea. O sangue coletado em oxalato ou fluoreto, que se ligam fortemente ao cálcio, não coagula. O uso de citrato, que também se liga ao cálcio, permite a preservação do sangue total e do plasma em larga escala para a transfusão.

O dicumarol e seus derivados são utilizados para reduzir a tendência à coagulação durante longos períodos, enquanto a heparina é empregada para intervalos mais curtos, sobretudo durante e após cirurgias. A heparina é um importante componente da hemostasia normal, que atua em conjunto com uma proteína plasmática circulante, a antitrombina III, a fim de inibir vários fatores da coagulação sanguínea. A heparina é uma glicoproteína de alto peso molecular, rica em polissacarídeos ácidos sulfatados, encontrada em muitos tecidos, sobretudo nos grânulos metacromáticos dos mastócitos que revestem o endotélio vascular.

Quando a heparina é administrada ou liberada na circulação em consequência da lesão de um vaso sanguíneo, ela se combina com a antitrombina III, que é ativada, podendo ligar-se a muitos fatores ativos e inibi-los, incluindo os fatores II_a, IX_a, X_a, XI_a, XII_a e calicreína. Quando presente em concentrações muito maiores do que as que ativam a antitrobina III, a heparina pode ligar-se à trombina e inibi-la. A importância fisiológica da antitrombina III está bem definida, visto que um indivíduo com cerca de 50% dos níveis normais desse inibidor apresenta uma acentuada tendência à trombose (veja Figura 15.5).

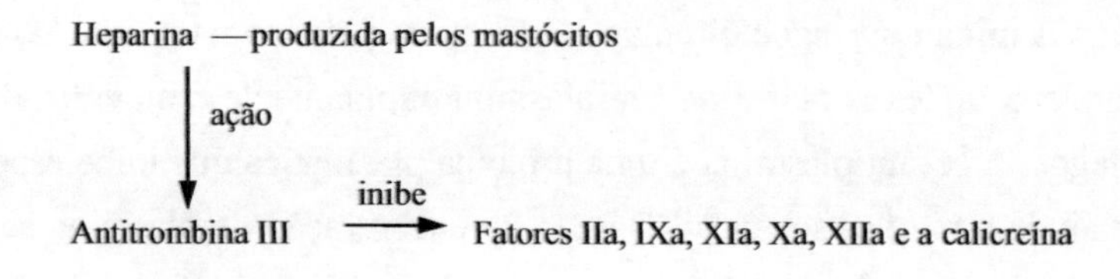

Oxalato: quelante de Ca^{+2}

COO^-
Ca^{+2}
COO^-

EDTA (ácido etileno diamino tetracético): quelante de Ca^{+2}

Citrato: quelante de Ca^{+2}

HO COO^-
H_2C - C - CH_2 Ca^{+2}
^-OOC COO^-

Figura 15.5 Anticoagulantes.

A proteína C humana também possui atividade anticoagulante. Essa proteína plasmática consiste em um zimogênio de uma serina-protease. Entretanto, quando ocorre coagulação, a trombina ativa a proteína C por proteólise e, na sequência, a proteína C ativa hidrolisa rapidamente e inativa as proteínas acessórias, isto é, os fatores V e VIII. As formas ativadas desses fatores são mais rapidamente inativadas pela proteína C que as formas não ativadas. Sua atividade é aumentada 100 vezes em presença da proteína S ("S" de Seattle, cidade onde foi descoberta e isolada) secretada pela face luminar do endotélio. A proteína S, como a proteína C, é também dependente da vitamina K para sua formação.

▸ Atividade prática: fatores que interferem na coagulação sanguínea

▸ Objetivos

Determinar os fatores que interferem no mecanismo de coagulação sanguínea.

▸ Materiais e métodos

Materiais

- Álcool
- Algodão

- Lancetas
- Tubo capilar
- Seringas ou tubos de vacutainer: para obtenção de soro e com EDTA para obtenção de plasma
- Tubos de ensaio e estante para tubos
- Pipetas
- Centrífuga
- Banho-maria 37ºC e 60ºC
- Cronômetro.

Reagentes*

- Anticoagulante EDTA
- Cloreto de cálcio 0,02 M.

Métodos

Alguns métodos são necessários para um procedimento adequado. Confira.

Tempo de coagulação (TC)

A técnica utilizada (método do tubo capilar) recomenda que se faça a assepsia da polpa digital e, com auxílio de uma lanceta, que se faça uma incisão, aperte o dedo e encha o capilar por completo. Deixe sobre a bancada por 5 min e, de 1 em 1 min, quebre um pedaço do capilar para verificar a malha de fibrina entre as duas partes. Anote o resultado.

Fatores que influenciam a coagulação sanguínea

É importante conhecer os fatores que influenciam a coagulação sanguínea. Veja os tópicos.

Separação de soro e plasma. Proceda à centrifugação (5 min a 2.000 rpm) dos sangues coletados com e sem anticoagulante a fim de obter o soro e o plasma. Identifique-os.

Efeito da temperatura e da trombina na ativação do fibrinogênio. Numere dois tubos de ensaio e coloque 1 mℓ de soro em cada tubo. Leve o tubo 1 ao banho-maria a 60°C e o tubo 2 a 37°C, por meia hora. Junte 1 mℓ de plasma em ambos os tubos. Verifique a fluidez de 1 em 1 min. Anote os resultados.

Recalcificação do plasma. Consiste em adicionar solução de cloreto de cálcio ao plasma pobre em plaquetas, descalcificado pelo citrato, e registrar o tempo consumido, em segundos, para sua coagulação. O plasma pobre em plaquetas é obtido pela centrifugação do sangue a 3.000 rpm por 20 min.

Técnica. Pipetar 0,1 mℓ de plasma citratado em um tubo de ensaio e colocá-lo em banho-maria a 37°C, durante 2 min. Adicionar 0,1 mℓ de solução de cloreto de cálcio a 0,02 M e acionar o cronômetro. Deixar o tubo no banho-maria por 90 segundos, agitando-o de 30 em 30 segundos. Depois deste tempo, retirá-lo do banho-maria e agitá-lo suavemente até o aparecimento do coágulo, parando simultaneamente o cronômetro. Anote o resultado.

▶ Resultados e conclusão

Depois de realizados todos os procedimentos necessários, temos condições de chegar a algumas conclusões. Vamos listá-las.

---

*Veja em *Preparo de Soluções*, no Apêndice.

Tempo de coagulação

Primeiro, anote o resultado.

O tempo de coagulação é o período que o sangue extraído consome para coagular completamente. É utilizado para o estudo do mecanismo intrínseco da coagulação. O TC pode apresentar valores de normalidade de 2 a 10 min, conforme o método empregado (método de Lee e White — 5 a 10 min; método do tubo capilar — 5 a 10 min, e método da lâmina — 2 a 3 min).

O TC diminuído ocorre nas condições que favorecem a formação de trombos, como redução na velocidade do fluxo sanguíneo (varizes), lesões do endotélio vascular, aumento da viscosidade sanguínea, hiperlipemia e aumento da adesão e agregação das plaquetas. O aumento caracteriza principalmente os estados hemofílicos (deficiência de fatores da coagulação) ou a presença de anticoagulante, como a heparina.

Fatores que influenciam na coagulação sanguínea

O processo da coagulação envolve vários fatores enzimáticos, portanto a temperatura é um fator que deve alterar o processo da coagulação, e alterações de superfície agem mais especificamente sobre as plaquetas, desencadeando todo o mecanismo da coagulação. O cálcio, como fator primordial no mecanismo de ativação dos fatores IX, X e VII (protrombina), foi analisado sobre o aspecto da influência de sais que o eliminam e, também, a recalcificação do sangue ou plasma para verificar a sua real importância no mecanismo da coagulação. Foi verificado ainda o papel da trombina no mecanismo de ativação do fibrinogênio, por meio da adição do soro ao plasma, mesmo sem a presença de sais de cálcio.

Valor de referência: 120 a 180 segundos.

A recalcificação do plasma é importante, pois permite revelar deficiências de todos os fatores da coagulação, exceto o fator VII. O tempo de recalcificação prolongado pode ocorrer nas deficiências de todos os fatores da coagulação, exceto o fator VII; e na presença de anticoagulantes circulantes, como a heparina e a antitrombina.

Para identificar o responsável pelo aumento da recalcificação do plasma, cumpre recorrer à prova diferencial ou de substituição, que consiste em diluir o plasma citratado com um plasma citratado controle (normal) na proporção de 1:1; determinar a recalcificação nessa diluição. Na presença de anticoagulantes, não há correção do tempo prolongado, porém na deficiência dos fatores da coagulação o tempo é corrigido, voltando ao normal.

▸ Questões

1. Qual a importância do cálcio no mecanismo da coagulação?
2. Qual a influência dos vários fatores no processo hemostático?

▸ Outros métodos utilizados para estudo da coagulação sanguínea

▸ Métodos para investigar distúrbios da hemostasia

Muitos métodos são utilizados para investigar as causas das alterações que ocorrem no processo da coagulação sanguínea. Essas alterações podem ser decorrentes de: a) alterações quantitativas dos fatores da coagulação; b) alterações qualitativas, isto é, alterações na estrutura molecular desses fatores, portanto, na sua função; c) presença de inibidores da coagulação (anticoagulantes circulantes).

Tais alterações podem ser evidenciadas por meio de investigações laboratoriais, que consistem nas provas de: a) funções plaquetárias e vasculares — tempo de sangria e prova de resistência capilar; b) função plaquetária — contagem global das plaquetas, tempo de sangria, prova de consumo da protrombina (prova da protrombina no soro) e provas especiais de função plaquetária; c) capacidade coagulante do sangue — tempo de tromboplastina parcial ativado, tempo de trombina e recalcificação do plasma.

Essas provas podem ser feitas para diagnosticar a suspeita de algum tipo de alteração no mecanismo da coagulação sanguínea ou, ainda, como parâmetros pré-operatórios. As provas pré-operatórias habitualmente empregadas são o tempo de coagulação e o de sangria; como são pouco sensíveis e, portanto, insuficientes para revelar as alterações da coagulação, recorre-se à contagem global das plaquetas e à determinação dos tempos de tromboplastina parcial ativado e de protrombina.

O tempo de tromboplastina parcial ativado, quando executado isoladamente, revela as deficiências do sistema intrínseco, com exceção das plaquetas e do fator XIII. O tempo de protrombina é o método de escolha para determinar alterações no sistema extrínseco.

▸ Contagem de plaquetas

A contagem das plaquetas do sangue oferece uma importante avaliação do processo hemostático, e constitui a prova de triagem usada na avaliação plaquetária, apesar de revelar somente a quantidade de plaqueta, não a qualidade. Existem vários métodos utilizados para a sua realização, entre os quais estão os diretos, indiretos e automatizados. Os diretos são feitos por meio da contagem das plaquetas por câmara de contagem, de acordo com o método de Brecher. Os métodos indiretos consistem em verificar a proporção entre as plaquetas e os eritrócitos em esfregaço de sangue corado e relacionar esses dados com o número de eritrócitos por mm^3.

Entre os métodos indiretos empregados estão o de Fonio, o mais utilizado devido à sua simplicidade e exatidão para as necessidades clínicas habituais, e o de Olef. Pode-se avaliar o número aproximado das plaquetas pelo simples exame microscópico de esfregaço de sangue corado, o qual permite revelar se esses elementos se acham em número normal, aumentado ou diminuído.

Técnica (método de Fonio)

Em uma lâmina de esfregaço de sangue corado, selecione cinco campos e conte as hemácias (esses campos devem ser selecionados de forma a conter em cada campo aproximadamente 200 hemácias); depois anote o número de plaquetas encontradas nesses campos. Efetue o cálculo do número de plaquetas, sabendo-se o número de eritrócitos por mm^3.

$$\text{N}^{\underline{o}} \text{ de plaquetas/mm}^3 = \frac{\text{N}^{\underline{o}} \text{ de plaquetas encontradas} \times \text{n}^{\underline{o}} \text{ de eritrócitos/mm}^3}{1.000}$$

Valor de referência: 200.000 a 350.000 plaquetas por mm^3 de sangue.

Interpretação

A quantidade de plaquetas varia em diferentes momentos do dia, segundo as condições e variações fisiológicas (jejum, fadiga, temperatura ambiente, banhos, altitudes). Esse número também pode variar de acordo com a idade. Nos jovens, pode ultrapassar a faixa de normalidade e na senilidade pode diminuir em decorrência da atrofia da medula óssea.

Variações patológicas

Nessas condições, o número pode aumentar (trombocitose) ou diminuir (trombocitopenia).

Trombocitose. Sua importância diagnóstica é escassa, mas segundo alguns autores é considerado um dos fatores da trombose intravascular.

Trombocitopenia. Pode ocorrer devido a três mecanismos: a) por menor produção devido a sofrimentos da medula óssea, como início de moléstias infecciosas agudas (pneumonia, febre tifoide, malária), intoxicação por benzeno, avitaminoses, hiperplasia e metaplasia de tecidos (leucemias e linfomas); b) por maior destruição das plaquetas decorrentes de hiperesplenia (inibição hormonal da atividade da medula óssea pelo baço); c) por maior utilização das plaquetas, como púrpuras hemorrágicas, nas endocardites infecciosas, nas septicemias (pela agregação das plaquetas).

▸ Tempo de protrombina (TP)

Consiste em adicionar tromboplastina em excesso ao plasma descalcificado pelo citrato ou oxalato de sódio e recalcificá-lo com quantidade conhecida como cloreto de cálcio, em condições padronizadas. O tempo consumido, em segundos, até a coagulação do plasma, constitui o TP.

O TP é a prova de escolha para a investigação do sistema extrínseco da coagulação sanguínea, permitindo revelar deficiências dos fatores que tomam parte neste sistema. O extrato de tecido (tromboplastina extrínseca) ao lado dos fatores VII, V e X, na presença de íons cálcio, age sobre a protrombina para formar trombina, que, por sua vez, conduz à formação do coágulo de fibrina.

Como o fator V é instável no plasma oxalatado, recomenda-se usar como anticoagulante o citrato de sódio, no qual o fator V é relativamente estável. Se a determinação não for executada dentro de duas horas após a coleta, conservar o sangue refrigerado. Entre os métodos empregados para o TP, pode-se citar o de Warner, Brinkhous e Smith, no qual a reação se processa em duas fases, sendo pouco prático para o uso rotineiro. Para fins clínicos, o método mais empregado é o de Quick, executado em uma só fase e cuja fonte de tromboplastina é o cérebro de coelho, humano ou bovino. Essa prova é indicada em todos os estados hemorrágicos e purpúricos e, rotineiramente, no pré-operatório, bem como no controle da terapêutica anticoagulante pelos cumarínicos.

Técnica (método de Quick)

A determinação do tempo de protrombina (TP), também chamado de tempo de Quick, é um método global que explora o sistema extrínseco da coagulação. Utiliza-se um plasma, a 37°C, em presença de um excesso de tromboplastina tissular e de cálcio. A conversão do tempo de Quick em taxa de protrombina permite apreciar a atividade protrombínica do plasma controle comparado com um plasma referência (= 100%).

O TP depende da protrombina verdadeira (fator II), da proacelerina (fator V), da proconvertina (fator VII) e do fator Stuart-Power (fator X).

Reação: tubo 1

Pipetar 0,2 mℓ de tromboplastina em um tubo de ensaio e levá-lo ao banho-maria a 37°C por 2 min. Adicionar 0,1 mℓ de plasma (previamente incubado a 37°C). Acionar o cronômetro, agitar por 6 segundos, retirar o tubo do banho-maria, enxugá-lo e observar a formação do coágulo, anotando o tempo de coagulação.

Valor de referência: 11 a 13,5 segundos, ou o laboratório faz seu próprio valor de normalidade, o qual depende das características da região.

Interpretação

A determinação do TP constitui prova de grande valor na demonstração de deficiência dos fatores da coagulação I, II, V, VII e X, bem como no controle da terapêutica anticoagulante.

O tempo de protrombina prolongado apresenta grande importância diagnóstica e ocorre nas seguintes condições:

- Deficiência congênita dos fatores da coagulação I, II, V, VII e X.
- Quando a concentração de fibrinogênio se acha abaixo de 100 mg/dℓ.
- Na presença de anticoagulantes circulantes, inclusive da heparina, dos produtos de degradação da fibrina, da antitrombina;
- Nas deficiências adquiridas, decorrentes de insuficiência hepática (hepatite, cirrose); avitaminose K (má absorção intestinal, enfermidades hemorrágicas do recém-nascido); uso de anticoagulantes antimetabólicos da vitamina K (cumarínicos).

▸ Tempo de tromboplastina parcial ativado (TTPA)

Consiste na melhor prova para investigar as alterações do mecanismo da coagulação sanguínea, especialmente as deficiências que envolvem os fatores que participam do sistema intrínseco, com exceção das plaquetas e do fator XIII, bem como do fator VII, do sistema extrínseco.

O plasma citratado contém todos os fatores necessários para promover a coagulação intrínseca, exceto o cálcio (removido pelo citrato) e as plaquetas (removidas pela centrifugação). Consiste em adicionar ao plasma cálcio e extrato de cérebro, que contém cefalina, o substituto fosfolipídio das plaquetas (tromboplastina parcial). A cefalina contida no extrato de cérebro age como substituto das plaquetas, fornecendo concentração ótima de fosfolipídios. Em virtude de só fornecer fosfolipídios, essa tromboplastina foi denominada parcial; a adição de caolim promove maior ativação dos fatores sensíveis ao contato (XI e XII), reduzindo a influência da superfície de contato, como os tubos de vidro, o que permite resultados mais exatos. Quando executada com ativadores, a prova é denominada TTPA.

Técnica

Siga as orientações a seguir.

Tubo 1

Pipetar em um tubo de ensaio 0,1 mℓ de plasma e adicionar 0,1 mℓ do reativo para TTPA — incubar a 37°C durante 3 min. Adicionar 0,1 mℓ de cloreto de cálcio 0,02 M (preaquecido em banho-maria a 37°C, por 3 min) e disparar o cronômetro. Agitar o tubo por 6 segundos, retirá-lo do banho-maria e enxugá-lo, observar até aparecer o coágulo, anotando o tempo gasto.

Tubo 2

Pipetar em um tubo de ensaio 0,1 mℓ de plasma heparinizado e adicionar 0,1 mℓ do reativo para TTPA — incubar a 37°C durante 3 min. Adicionar 0,1 mℓ de cloreto de cálcio 0,02 M (preaquecido em banho-maria a 37°C, por 3 min) e disparar o cronômetro. Agitar o tubo por 6 segundos, retirá-lo do banho-maria e enxugá-lo; observar até aparecer o coágulo, anotando o tempo gasto.

Valor de referência: 35 a 45 segundos, ou o laboratório faz seu próprio valor de normalidade, que depende das características da região.

Interpretação

A determinação é de grande valor na prática, demonstrando deficiências de todos os fatores da coagulação intrínseca, com exceção das plaquetas e dos fatores VII e XIII. É de valor no controle da terapêutica anticoagulante pela heparina, substituindo o tempo de coagulação do sangue total. O TTPA prolongado apresenta importância diagnóstica na deficiência de um ou mais fatores do sistema intrínseco ou na presença de anticoagulantes circulantes, como a heparina e a antitrombina.

16 Bioquímica e Biofísica Renal

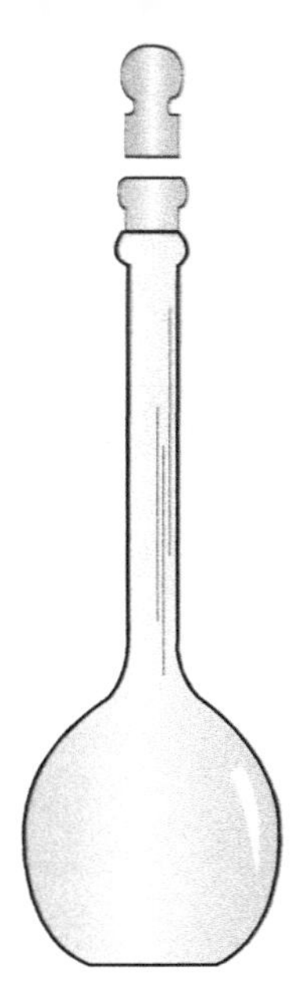

Introdução

A água, os resíduos do metabolismo e os eletrólitos e não eletrólitos em excesso no meio interno são excretados por meio de um líquido corporal chamado urina. O meio interno é regulado, principalmente, por dois órgãos: os pulmões, que controlam as concentrações de oxigênio e CO_2; e os rins, que mantêm a composição química dos líquidos corporais. O equilíbrio dinâmico do meio interno é denominado homeostase. O rim participa da homeostase por meio de três processos:

Filtração. O rim filtra do plasma sanguíneo todas as substâncias de baixa massa molecular, retendo a maioria das proteínas;

Reabsorção seletiva. O rim seleciona as substâncias que devem voltar e as reabsorve, devolvendo-as para o meio interno;

Secreção. O rim expulsa as substâncias que foram filtradas, mas devem ser excretadas em quantidade maior do que a filtrada.

Desses três processos citados resulta a urina, que reflete de forma direta as alterações do meio interno e proporciona, por meio de sua análise, informações preciosas sobre a patologia renal e do trato urinário, além de algumas moléstias extrarrenais.

Os rins situam-se um de cada lado da coluna vertebral, no espaço retroperitoneal. A urina produzida nos rins é conduzida até a bexiga através dos ureteres, sendo posteriormente eliminada pela uretra (veja Figura 16.1).

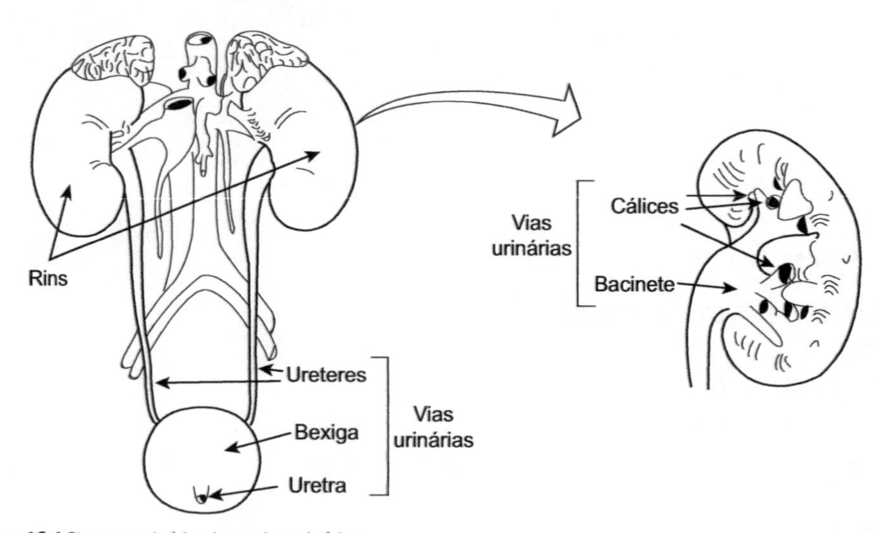

Figura 16.1 Sistema urinário: rins e vias urinárias.

A unidade microscópica do rim é o néfron e cada rim contém mais de um milhão de néfrons. O néfron é constituído por plexo capilar chamado glomérulo e um túbulo complexo que se divide em cápsula de Bowman (terminação de túbulos cega, invaginada e dilatada) e túbulos contorcido proximal e distal, que se ligam entre si pela alça de Henle. A alça de Henle é constituída pelo ramo descendente, curvatura em grampo e ramo ascendente. Para formar o glomérulo, a arteríola aferente (ramo da artéria renal) penetra na cápsula, ramifica-se para aumentar a área de filtração, reunifica-se e então sai como arteríola eferente (veja Figura 16.2).

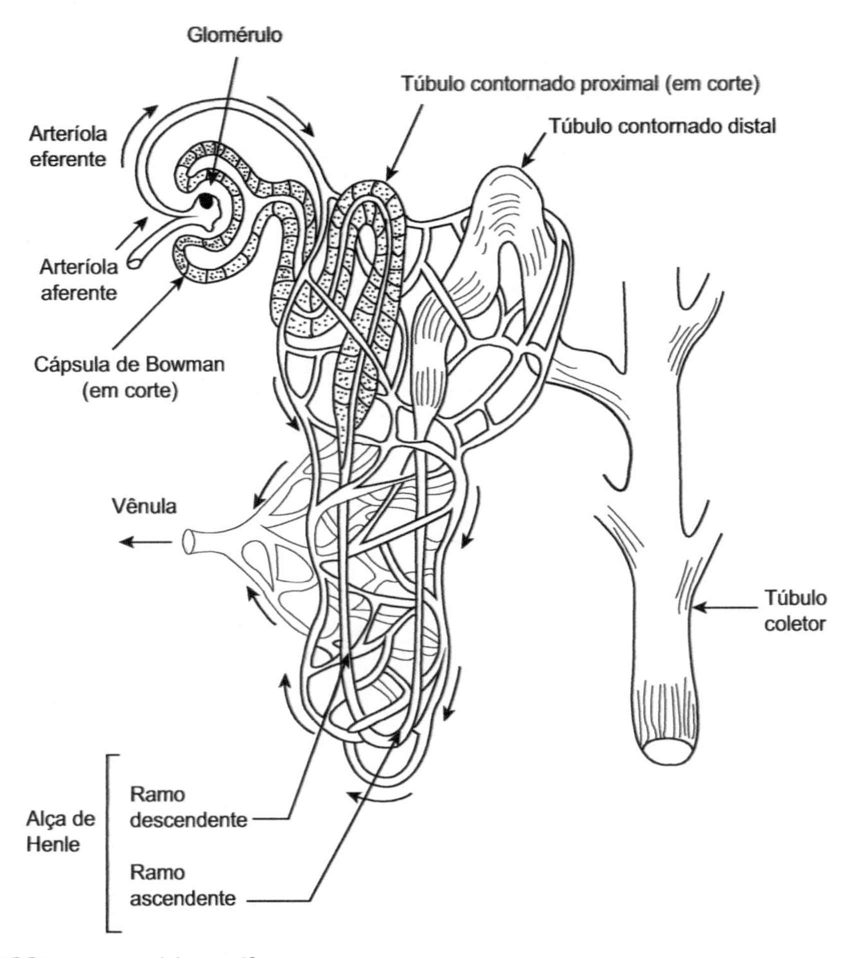

Figura 16.2 Esquema geral de um néfron.

A função dos glomérulos é a filtração. Para que ela ocorra, a pressão dos capilares dos glomérulos deve ser maior que a pressão dentro do túbulo. Essa diferença de pressão é chamada pressão efetiva de filtração (PEF). A PEF é a pressão do sangue dentro dos glomérulos, menos as pressões opostas, que são a pressão osmótica das proteínas plasmáticas e a pressão dentro do túbulo. Sob condições normais, a PEF varia de 20 a 50 mmHg. A taxa de filtração glomerular (TFG) normalmente atinge 130 mℓ por minuto (180 ℓ em 24 h). O fluxo de sangue através dos dois rins é de cerca de 1.200 mℓ por minuto. Desta quantidade, aproximadamente 20%, ou 130 mℓ, passam através de pequeninos poros dos capilares glomerulares; daí, através da membrana basal e, finalmente, nos espaços de Bowman. O ultrafiltrado resultante corresponde ao plasma, com a diferença que contém somente uma pequena fração de 1% de proteína. Ele tem a mesma pressão osmótica do plasma e contém, em solução, as mesmas substâncias do plasma em concentrações quase idênticas.

A partir do espaço de Bowman, o filtrado entra no túbulo contornado proximal e, enquanto atravessa os 14 mm de comprimento deste segmento de néfron, todas as substâncias essenciais são reais e completamente reabsorvidas (veja Figura 16.3). As substâncias essenciais incluem glicose, aminoácidos, creatina, piruvato, lactato e ácido ascórbico; todos eles absorvidos por

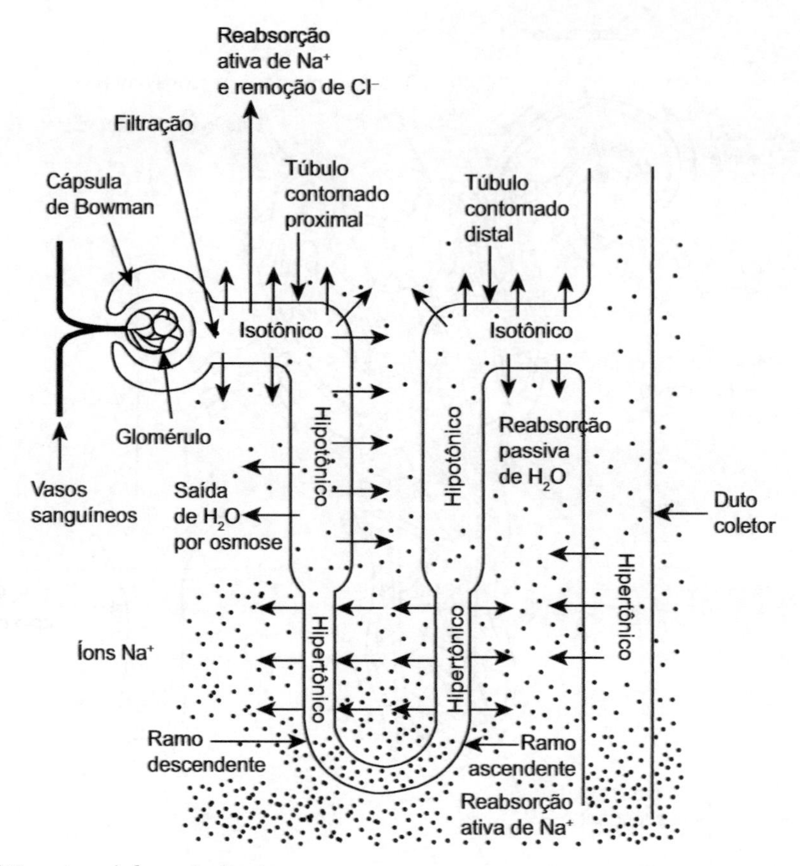

Figura 16.3 Mecanismo de formação da urina.

transporte ativo por meio das membranas celulares. Neste mesmo segmento, também, 87,5% de sódio no filtrado são reabsorvidos pelo mecanismo de bomba do sódio. Água, HCO_3 e Cl^- acompanham o sódio passivamente. Desse modo 87,5% de filtrado são removidos do tubo contornado proximal por reabsorção e levam consigo de 40 a 50% da ureia do filtrado.

No momento em que o filtrado modificado entra no ramo descendente da alça de Henle, somente 16 mℓ por minuto dos originais 130 mℓ ficam no túbulo. À medida que estes 16 mℓ do filtrado modificado descem pelo ramo descendente da alça de Henle, perdem um pouco de água para o fluido intersticial, cuja concentração aumenta progressivamente, mas, quando atravessa o ramo ascendente da alça, perde sódio sem água, porque esse segmento é relativamente impermeável à água.

Quando o filtrado entra no túbulo contornado distal é, na realidade, hipotônico, devido à perda de sódio no ramo distal da alça de Henle. No túbulo contornado distal e na primeira parte do ducto coletor, todo o sódio restante é reabsorvido (a menos que o corpo tenha um excesso de sódio). Este mecanismo envolve o hormônio aldosterona, que é um retentor de sódio. As células do segmento distal formam e excretam íons de hidrogênio e amônio, e estes são trocados pelo sódio, que é reabsorvido. O potássio é também ativamente excretado por essa porção de néfron, e este K^+ participa na troca por Na^+. Realmente, a excreção do K^+ está aqui em competição com a formação e a excreção do H^+; isto é, quando o potássio está sendo excretado, a formação do íon hidrogênio e, portanto, a acidificação da urina, diminui proporcionalmente.

De um pouco menos dos 16 mℓ do filtrado modificado que entram por minuto no túbulo contornado distal, cerca de quase 15 mℓ de água é reabsorvida durante a passagem por meio desse segmento e do ducto coletor primário. Essa reabsorção facultativa da água do segmento distal no néfron é inteiramente dependente da ação do hormônio antidiurético (ADH), também conhecido como vasopressina.

Com relação ao destino da ureia no filtrado, todos os movimentos, tanto para dentro como para fora do néfron, são passivos. Cerca de 40 a 50% da ureia filtrada é reabsorvida passivamente com a água do túbulo contornado proximal. Do fluido no túbulo contornado distal e no ducto coletor primário, a quantidade de ureia reabsorvida varia diretamente com a reabsorção da água e oscila entre 25 e 75%, aproximadamente.

No que se refere às doenças renais, podemos classificá-las em quatro categorias diferentes:

1. Insuficiência renal aguda, em que os rins param por completo ou quase completamente de funcionar;
2. Insuficiência renal crônica, em que há uma redução do número de néfrons;
3. Síndrome nefrótica, em que há um aumento da permeabilidade glomerular dando como efeito perda de grande quantidade de proteínas plasmáticas da urina;
4. Distúrbios tubulares específicos como deficiência de reabsorção de glicose, diabetes insípido (resposta inadequada ao hormônio antidiurético), acidose tubular renal (falta de secreção de H^+), entre outras. Tais doenças podem levar a alterações nas características físico-químicas da urina e/ou ainda nos seus constituintes químicos.

▸ Exame de urina

O exame de urina envolve a análise das características físico-químicas, dos constituintes químicos e dos sedimentos da urina.

Caracteres físicos da urina

A urina apresenta uma composição básica, mas que pode variar dependendo de alguns fatores que são mostrados a seguir:

Aspecto. A urina normal possui um aspecto claro, transparente — pode estar mais escura (concentrada) ou mais clara (diluída); turvações podem aparecer em urinas ácidas (uratos) e alcalinas (fosfatos).

Cor. A urina normal tem coloração entre o amarelo-citrino e o amarelo-avermelhado. Cor rosada, avermelhada ou acastanhada pode indicar a presença de sangue. Cor âmbar-escura pode indicar a presença de urobilina ou bilirrubina, enquanto urina com cor amarelo-viva pode indicar presença de medicamentos (riboflavina). Urinas marrons e marrom-escuro podem indicar a presença de porfirinas, melaninas ou alcaptonúria. A urina pode ainda assumir diferentes colorações, de acordo com os alimentos, corantes e drogas que a pessoa ingeriu.

Odor. A urina normal possui um odor característico devido à presença de ácidos voláteis. Em decorrência do envelhecimento ou de infecção urinária, a urina pode adquirir um odor amoniacal em virtude da transformação da ureia em amônia.

Volume. O volume normal de urina em um adulto, no período de 24 h, pode variar de 1.000 a 1.500 mℓ. A quantidade de urina emitida está em relação direta com o líquido extracelular, intracelular, a temperatura, o clima e a sudorese. Em crianças, a diurese é proporcionalmente maior do que no adulto. Dependendo do volume diário, podemos ter aumento de excreção urinária (poliúria); excreção de menos de 200 mℓ diários ou supressão total de excreção (oligúria ou anúria).

Densidade. A densidade de uma substância é o seu peso por unidade de volume. A urina, que possui cerca de 96,4% da sua composição em água e 3,6% em substâncias iônicas e não iônicas, possui uma densidade maior do que a da água, variando de 1,002 a 1,035.

- O pH da urina normal encontra-se na faixa de 4,6 a 8,0. A seguir, exemplificamos a ocorrência de urinas ácidas e alcalinas em situações fisiológicas e patológicas.

Urinas ácidas. Ocorre em casos de dietas ricas em proteínas e em diabetes melito mal controlado (acidose).

Urinas alcalinas. Após as refeições devido à secreção de HCl no suco gástrico; em dietas vegetarianas; em infecção do trato urinário.

Constituintes químicos

Com relação aos constituintes químicos normais da urina, podemos verificar que são inúmeros, e a alteração de suas quantidades pode indicar diversas patologias. Comentaremos aqui alguns constituintes químicos anormais que podem surgir na urina e seu significado clínico.

Proteínas. A proteinúria é uma excreção elevada de proteína na urina; é o indicador mais importante de lesão renal. Pode ocorrer proteinúria postural em pacientes que ficam muito tempo em posição ereta, podendo até excretar proteínas, mas desaparece quando o paciente se deita. Essa excreção diária fica em torno de 1 g.

Glicose. A glicose filtrada no glomérulo é normalmente reabsorvida no nível tubular, restando traços não detectáveis nos exames habituais. Esse limiar é normalmente ao redor de 170 a 180 mg/dℓ (nível sanguíneo). Quando esse limite é ultrapassado, a glicose aparece na urina e isso normalmente é considerado marca do diabetes melito.

Cetonas. São substâncias formadas quando a oxidação de lipídios está muito acelerada. As cetonas podem ser excretadas na urina por meio dos rins, processo denominado cetonúria. A cetonúria ocorre em situações de fome, jejum, em dietas para redução de peso, em crianças febris que não se alimentam, após exercícios intensos, no frio intenso, mas principalmente no diabetes melito.

Sangue. A presença de sangue na urina é importante indicação de lesão renal ou do trato urinário, podendo aparecer como glóbulos vermelhos intactos ou como hemoglobina livre.

Bilirrubina. Está aumentada na doença hepática e na doença hemolítica.

Urobilinogênio. O aumento de urobilinogênio pode ocorrer em decorrência da maior quantidade de bilirrubina excretada ou de disfunção hepática que impeça o fígado de reexcretar o urobilinogênio reabsorvido pela circulação portal, o que acarreta o aumento do urobilinogênio no sangue e posterior excreção pela vias urinárias.

Nitritos. A presença de um número significativo de bactérias (10^5 ou 100.000) por cultura de urina é considerada indicativo de infecção do trato urinário.

Sedimento urinário

Embora a análise do sedimento urinário forneça informações essenciais sobre o estado funcional dos rins, o exame de urina é um procedimento de alta demanda que requer um trabalho intenso, é pouco padronizado e apresenta uma ampla variabilidade interobservadores. Além disso, este exame gera um custo elevado aos laboratórios, já que para se obterem resultados de qualidade há a necessidade de pessoal bastante qualificado. Atualmente, tanto o National Committee for Clinical Laboratory Standards (NCCLS), dos EUA, como o European Urinalysis Guidelines recomendam a padronização da contagem de células do exame de urina por meio de um sistema automatizado e/ou de um procedimento padronizado em uma câmara de contagem de células de volume predefinido (Bottini e Garlipp, 2006).

O exame dos sedimentos urinários por meio da microscopia nos permite identificar certos elementos, como os descritos a seguir:

Células

Hemácias ou eritrócitos. A urina normal contém de 2 a 5 hemácias por campo (400 ×).

Leucócitos ou glóbulos brancos. Leucócitos encontrados no exame microscópico em número maior do que 5 por campo já indica infecção no sistema renal.

Células epiteliais. Provenientes do sistema urinário.

Cilindros

Os cilindros são formas modeladas no lúmen dos túbulos contorcidos distais e ductos coletores, resultantes da precipitação de proteínas devido à concentração e acidificação da urina nesses locais. Vários tipos de cilindros já foram descritos, entre eles cilindros hialinos, gordurosos, com cristais e mistos.

Cristais

Geralmente os cristais na urina têm um significado clínico limitado. Uma grande variedade de cristais aparece na urina normal, por precipitação (devido à diminuição da temperatura) ou por variação do pH.

Tipos de cristais encontrados em urina ácida. Uratos amorfos, ácido úrico e oxalato de cálcio.

Tipos de cristais encontrados em urina alcalina. Fosfato amorfo, triplo e de cálcio.

Tipos de cristais encontrados em urina anormal. Cistina, tirosina, leucina, sulfas, entre outros.

▶ Atividade prática: exame de urina tipo I

▶ Objetivo

Realizar um exame de urina tipo I.

▶ Materiais e método

Considerações gerais. A coleta de urina, desde que se tenha em mente a sua importância como procedimento fundamental para obtenção de resultados confiáveis, é um procedimento simples que não apresenta maiores problemas, por isso é muito importante obedecer à risca as técnicas de coleta. A seguir oferecemos uma orientação que deve ser utilizada como padrão.

Recipientes. Vidros, plásticos, descartáveis e saquinhos de polietileno transparente e maleável (crianças).

Armazenagem. Os espécimes de acaso devem ser examinados quando frescos ou então refrigerados e examinados tão logo quanto possível. O uso de conservantes e refrigeração é útil para espécimes que precisam ser guardados. Pode-se usar um cristal de timol para cada 10 a 15 mℓ de urina. Pode-se usar formalina (1 gota/10 mℓ urina), formaldeído. Fluoretos podem ser usados, mas inibem a reação de glicose na tira reagente.

Deterioração da urina. O espécime de urina deve ser coletado em um recipiente limpo e seco e ser examinado pouco tempo após a micção.

Materiais

- Béquer que contém amostra de urina
- Tubo de ensaio ou proveta
- Papel de filtro
- Tiras reagentes
- Tubos para centrífuga
- Centrífuga
- Lâminas e lamínulas
- Microscópio.

Método

O método é fundamental para bons resultados.

1. Coletar a urina em um béquer conforme orientações preliminares.
2. Proceder à análise físico-química, observando aspecto, cor e volume.
3. Análise química:
   - Transferir cerca de 10 mℓ de urina para uma proveta ou tubo de ensaio
   - Mergulhar a tira de reagentes na urina
   - Retirá-la, removendo o excesso de urina em papel de filtro na posição horizontal
   - Efetuar a leitura de cor desenvolvida, comparando com a cor-padrão do rótulo.
4. Sedimento urinário:
   - Centrifugar 10 mℓ de urina por 10′ a 2.000 rpm
   - Decantar 9 mℓ do sobrenadante
   - Ressuspender o sedimento no volume restante
   - Transferir uma gota da solução obtida para uma lâmina; colocar lamínula
   - Observar em microscopia (objetiva 10 ×, 40 ×)
   - Identificar os sedimentos observados.

▶ Resultados e conclusão

Os reagentes contidos nos campos de análise individual das fitas são formulados para conter:

- **pH:** vermelho de metila e azul de bromotimol
- **Densidade**: azul de bromotimol e copolímero
- **Urobilinogênio**: sal diazônio

- **Nitrito**: ácido p-arsanílico
- **Sangue**: tetrametilbenzidrina e hiperóxido de isopropilbenzol ou hidroperoxidase
- **Bilirrubina:** sal diazônio
- **Corpos cetônicos**: nitroprussiato de sódio e glicina
- **Glicose:** glicose oxidase, peroxidase, o-toluidina
- **Proteínas**: azul de tetrabromofenol.

Na Tabela 16.1 anote os resultados obtidos e redija um texto com sua conclusão.

TABELA 16.1
Formulário de respostas.

Análise físico-química	**Resultado**
Cor	
Volume	
pH	
Densidade	

Análise química	
Urobilinogênio	
Nitrito	
Sangue	
Bilirrubina	
Cetonas	
Glicose	
Proteínas	
Sedimentos observados	

Questões

1. Qual o mecanismo de formação da urina?
2. Na interpretação dos constituintes químicos do exame de urina, qual a associação do resultado com o metabolismo geral?

Estudo de caso

Histórico

Paciente de 23 anos de idade, sexo feminino, que observou um aumento de apetite e sede nos últimos 6 meses, apesar de ter ganhado somente 2 quilos. A paciente também apresentava queixas de poliúria, porém não estava associada a disúria. Foi obtida uma amostra de urina limpa de fluxo médio (*Fonte:* www.sbpc.org.br).

Urianálise macroscópica

Cor	Amarela
Aparência	Clara
Densidade	1,008
pH	5,5
Proteína	Negativa
Glicose	4 +
Cetonas	4 +
Bilirrubina	Negativa
Sangue	Negativo
Urobilinogênio	Negativo
Nitrito	Negativo
Esterase de leucócitos	Negativa

Urianálise microscópica

Leucócitos/campo	Ausentes
Hemácias/campo	1 a 2/campos
Cilindros	Ausentes
Outros	Ausentes

Questões do estudo de caso

1. Qual é a doença sugerida por tais achados?

Diabetes melito, tipo I.

2. Todos os açúcares serão detectados pela fita de teste reagente para glicose? Por quê?

Somente a glicose será detectada, porque a fita reagente usa oxidase glicose. Outros açúcares devem ser detectados por um teste para reduzir substâncias (método de redução de cobre de Benedict), que captará açúcares tais como a frutose.

3. Qual é o significado do teste positivo para cetonas? Do que você poderia suspeitar se as cetonas estivessem positivas e os demais itens também estivessem normais?

As cetonas sugerem que há falta de insulina e que o tecido adiposo está sendo metabolizado com a utilização de ácidos graxos para produzir corpos cetônicos, típicos de diabetes melito tipo I. Na ausência de glicosúria, os corpos cetônicos sugerem falta de alimentação.

4. Quais são os outros testes laboratoriais que deveriam ser feitos nessa paciente?

Glicose sérica. Medir a hemoglobina A1c forneceria uma indicação do controle de glicose durante um período mais longo.

5. Quais são algumas das complicações do diabetes que podem afetar o trato urinário?

Os diabéticos estão sujeitos a adquirirem infecções, tanto do trato urinário inferior quanto do superior. As complicações a longo prazo poderiam consistir em doença vascular renal, originária da aterosclerose, e doença glomerular, da glomeruloesclerose. No trato urinário inferior, pode ocorrer a cistopatia diabética, com micção prejudicada e aumento do volume urinário residual.

17 Dosagem de Ácido Úrico

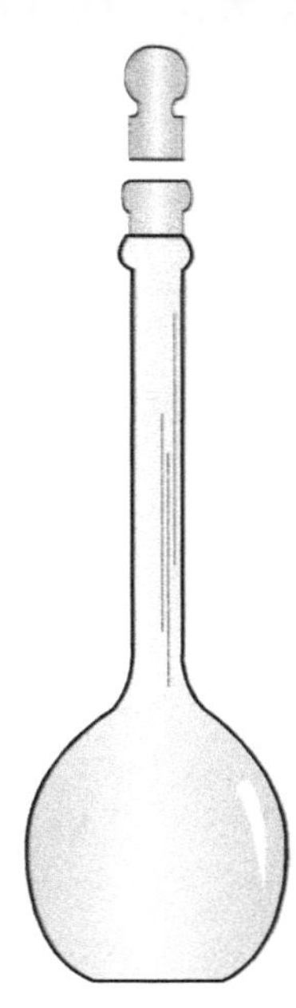

▸ Introdução

Os ácidos nucleicos (DNA e RNA) possuem bases nitrogenadas de dois tipos: purinas e pirimidinas. As purinas (adenina e guanina) e as pirimidinas (citosina, timina e uracila) são derivadas das nucleoproteínas alimentares (origem exógena) e das nucleoproteínas do metabolismo endógeno.

O ácido úrico é o principal produto do catabolismo das purinas no homem. Sua produção está, portanto, na dependência da alimentação (catabolismo das nucleoproteínas ingeridas), do catabolismo das próprias nucleoproteínas ou, ainda, da transformação direta de nucleotídeos purínicos endógenos (síntese *de novo*).

A adenina e a guanina passam por inúmeras reações que resultam na formação da xantina. O ácido úrico é formado a partir da xantina por ação da enzima xantina oxidase. A maior parte da formação de ácido úrico se passa no fígado, que possui uma elevada atividade de xantina oxidase, como a mucosa intestinal. Em outros tecidos apenas se encontram vestígios de xantina oxidase. Quando passa para o sangue, na concentração fisiológica do íon hidrogênio, a maior parte do ácido úrico sofre ionização dando origem ao urato. Cerca de 70% do ácido úrico é eliminado pelo rim por meio da urina e quantidades menores são excretadas no intestino — onde é degradado pelas bactérias (uricólise). Uma alta concentração de urato no soro é conhecida como hiperuricemia. O ácido úrico e o urato são moléculas relativamente insolúveis que se precipitam prontamente nas soluções aquosas, como a urina e o líquido sinovial (encontrado nas articulações). A consequência desse fato é uma condição clínica denominada gota.

O aumento na produção de ácido úrico, a diminuição de sua excreção, ou, ainda, ambas as condições, são características da gota. O aumento da produção de ácido úrico pode ser devido a causas primárias (deficiência da enzima hipoxantina fosforibosiltransferase — síndrome de Lesh-Nyhan ou deficiência da enzima glicose-6-fosfatase — doença de armazenamento de glicogênio tipo I) ou a causas secundárias (ingestão dietética aumentada, aumento da renovação de ácidos nucleicos e degradação de ATP aumentada). Na diminuição da excreção do ácido úrico, a causa primária é idiopática e como causas secundárias têm-se a insuficiência renal, o aumento de ácido láctico, baixas doses de diuréticos de tiazida, ácido acetilsalicílico e cetonas que diminuem a secreção tubular e a reabsorção tubular aumentada.

▸ Atividade prática: dosagem de ácido úrico

▸ Objetivo

Realizar a dosagem do ácido úrico em uma amostra de soro.

Nota. O método também é aplicável às amostras de urina ou líquidos amniótico e sinovial.

▸ Materiais e método

Materiais

- Tubos de ensaio
- Estante para tubos de ensaio

- Canetas marcadoras
- Cubetas
- Pipetas
- Banho-maria
- Espectrofotômetro
- Papel absorvente.

Reagentes*

- Reativos de trabalho: Reagente 1: tampão, 4-aminoantipirina, peroxidase, azida sódica e octilfenolpolioxetano. Reagente 2: tampão, DHBS (3,5 dicloro-2 hidroxibenzeno sulfonado), uricase, azida sódica e octilfenolpolioxetano.
- Padrão: solução padrão de ácido úrico

  Nota. A concentração do padrão varia conforme o teste utilizado.
- Amostra: soro.

Métodos

Princípio do método enzimático

O ácido úrico é oxidado, enzimaticamente, pela uricase (urato oxigênio-redutase — UOD) à alantoína, com a produção de dióxido de carbono e água oxigenada. A água oxigenada gerada na oxidação produz a copulação oxidativa do DHBS com a 4-aminoantipirina, reação esta catalisada pela peroxidase (peróxido de hidrogênio oxidorredutase — POD) resultando na formação da antipirilquinonimina de cor vermelha. A intensidade da cor vermelha formada é diretamente proporcional à concentração de ácido úrico na amostra.

$$\text{Ácido úrico} + 2\,H_2O + O_2 \xrightarrow{\text{UOD}} \text{alantoína} + H_2O_2 + CO_2$$

$$H_2O_2 + \text{DHBS} + \text{4-aminoantipirina} \xrightarrow[\text{POD}]{} \text{Antipirilquinonimina (vermelha)}$$

Procedimento

Preparar três tubos e denominá-los B = branco, P = padrão e A = amostra. Em seguida, colocar nos tubos os reativos de trabalho conforme a Tabela 17.1.

TABELA 17.1

Técnica de preparação dos tubos para teste de determinação de ácido úrico.

Tubos	B	P	A
Padrão	–	0,1 mℓ	–
Amostra	–	–	0,1 mℓ
Reagente de trabalho	5 mℓ	5 mℓ	5 mℓ

*Veja em *Preparo de Soluções*, no Apêndice.

Misturar suavemente e incubar por 10 min em banho-maria a 37°C; proceder à leitura a 520 nm.

Cálculos

A partir dos resultados de absorbância obtidos (absorbância da amostra e absorbância do padrão) e da concentração do padrão (fornecida no *kit*) é possível calcular a concentração de ácido úrico da amostra como mostrado a seguir:

$$\text{Ácido úrico (mg/d}\ell\text{)} = \frac{\text{Abs. amostra}}{\text{Abs. padrão}} \times \text{concentração do padrão}$$

▶ Resultados e conclusão

Compare o valor obtido no seu prático com os valores de referência para dosagem do ácido úrico. Verifique se a concentração de ácido úrico está dentro da faixa de normalidade, se indica uma hiperuricemia ou ainda uma hipouricemia.

▶ Valores de referência

Em adultos normais com ingestão normal de proteínas, observam-se as seguintes faixas de valores:

Homens: 2,5 a 7,0 mg/dℓ

Mulheres: 1,5 a 6,0 mg/dℓ

▶ Quadros clínicos em que se observa hiperuricemia

Gota

A gota é conceituada como uma doença hereditária crônica do metabolismo das purinas que acomete, preferencialmente, o sexo masculino entre 30 e 40 anos. Clinicamente, a gota é uma síndrome que se caracteriza por hiperuricemia e artrite aguda recorrente. A gota aguda é desencadeada pela deposição de urato de sódio nos tecidos articulares e periarticulares, o que causa uma resposta inflamatória. Na situação crônica podem-se formar depósitos tofáceos (arenosos) de urato de sódio nos tecidos. A gota é exacerbada pelo álcool, porque o etanol aumenta a renovação de ATP e a produção de urato. O etanol em excesso pode causar acúmulo de ácidos orgânicos que competem com a secreção tubular de ácido úrico.

Doença renal

A hiperuricemia pode causar doença renal. A mais comum é a nefropatia de urato, causada pela deposição de cristais de urato no tecido renal ou no trato urinário, formando cálculos de urato. Pacientes com neoplasias em tratamento têm suas células tumorais degradadas e, em consequência, os ácidos nucleicos dessas células são liberados, ocorrendo um aumento na produção do ácido úrico. A insuficiência renal aguda pode ser causada pela precipitação rápida de cristais de ácido úrico.

▶ Questões

1. Quais substâncias são passíveis de produzir ácido úrico?
2. Qual a relação entre hiperuricemia, gota e doença renal?

18 Dosagem de Bilirrubina

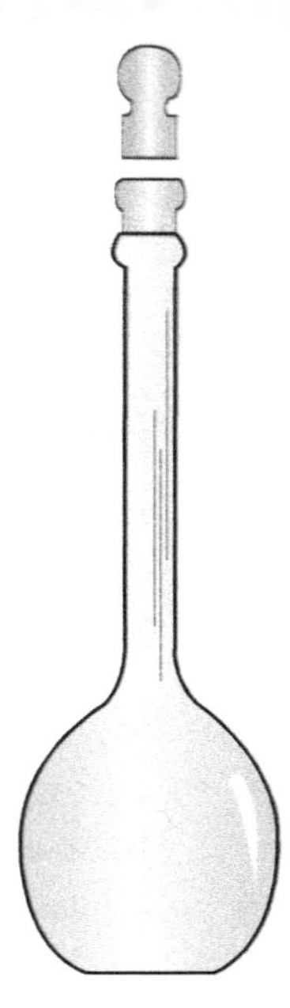

▶ Introdução

A bilirrubina deriva predominantemente da heme da hemoglobina, suprindo cerca de 80 a 85% do pigmento total produzido (em média de 250 a 300 mg de bilirrubina são formadas 24 h a partir de todas as fontes). Os 15 a 20% restantes originam-se do catabolismo de outras proteínas hemínicas, como a mioglobina, os citocromos e as peroxidases.

A bilirrubina é produzida nas células do sistema reticuloendotelial do fígado, baço e medula óssea. Estas células englobam as hemácias mais velhas, fazendo com que elas sofram lise e liberem a hemoglobina, depois as catabolizam e formam o pigmento.

A conversão da heme em bilirrubina consiste em duas etapas: o sistema hemo-oxigenase microssômica e a reação biliverdina-redutase. O substrato, a heme, realiza seu próprio catabolismo ativando o sistema hemoglobina presente no filtrado glomerular que foi captado pelas células epiteliais do rim e estimula o sistema hemo-oxigenase.

A bilirrubina é um pigmento amarelo e solúvel nos lipídios (e em solventes orgânicos) e por isso pode difundir-se através das membranas celulares. Dentro das células a bilirrubina interfere em muitas funções metabólicas cruciais. A lesão cerebral que ela ocasiona foi atribuída tanto à habilidade de o pigmento funcionar como desacoplar a fosforilação oxidativa tomando-se como base experimentos *in vitro*.

Devido ao fato de a bilirrubina ser insolúvel nos sistemas aquosos, ela é transportada no sangue complexada com a albumina. Essa formação de complexo impede a passagem indiscriminada de bilirrubina para outras células teciduais, além dos hepatócitos. A habilidade única dos hepatócitos em captar, concentrar e eliminar bilirrubina talvez seja devida à:

- presença de um mecanismo carreador disponível para o transporte de bilirrubina;
- presença de proteínas que se ligam à bilirrubina no citoplasma dos hepatócitos, e
- conversão de bilirrubina dentro das células em conjugados hidrossolúveis que normalmente não podem entrar novamente no sangue, mas são eliminados pela bile.

▶ Atividade prática: dosagem de bilirrubina

▶ Objetivo

Quantificar as bilirrubinas em amostra de soro isento de hemólise e lipemia.

▶ Materiais e método

Materiais

- Tubos de ensaio
- Estante para tubos de ensaio
- Canetas marcadoras
- Cubetas
- Pipetas
- Espectrofotômetro
- Papel absorvente.

Reagentes*

- Amostra: soro obtido em jejum (livre de hemólise e lipemia e mantido no escuro)
- Acelerador: cafeína benzoato de sódio. Reativo sulfanílico e diazorreativo.

---

*Veja em *Preparo de Soluções*, no Apêndice.

Método

Princípio

A bilirrubina e os seus glicuronídios reagem com o ácido sulfanílico diazotado (reação de Van den Bergh) originando azobilirrubina de cor vermelha que tem absorção a 530 nm. A bilirrubina-glicuronídio ou bilirrubina conjugada solúvel na água reage diretamente, sem nenhuma necessidade de um 'acelerador', e é conhecida como bilirrubina de reação direta. A bilirrubina livre, por outro lado, requer um acelerador como, por exemplo, o álcool ou solução de cafeína benzoato de sódio para reagir em condições comuns. Por isso, é chamada bilirrubina de reação indireta.

Procedimento

Seguem as orientações necessárias:

- Preparar três tubos e denominá-los B, Br D e Br T
- Em seguida, colocar nos tubos os reativos de trabalho conforme a Tabela 18.1.

TABELA 18.1

Técnica de preparação dos tubos para teste de determinação de bilirrubina.

Tubos	Branco	Bilirrubina direta (Br D)	Bilirrubina total (Br T)
Soro	0,2 mℓ	0,2 mℓ	0,2 mℓ
Água destilada	2,4 mℓ	2,4 mℓ	–
Acelerador	–	–	2,4 mℓ
Reativo sulfanílico	0,2 mℓ	–	–
Diazorreativo	–	0,2 mℓ	0,2 mℓ

- Misturar cada tubo por inversão. Após 5 min, ler em 530 nm a bilirrubina direta (Br D) e, após 15 min, a bilirrubina total (Br T).

Cálculo

Obtém-se o fator por meio de uma curva-padrão de bilirrubina*

Bilirrubina total (mg/dℓ) = $A_{Br\,T}$ × fator

Bilirrubina direta (mg/dℓ) = $A_{Br\,D}$ × fator

Bilirrubina livre = Br T – Br D

▸ Resultados e conclusão

Anote o resultado obtido. Os valores de referência são:

Br D = até 0,3 mg/dℓ (menor que 5 μmol/ℓ).

Br T = até 1,2 mg/dℓ (até 21 μmol/ℓ).

Br I = 0,2 a 0,6 mg/dℓ.

Existem três razões principais para explicar por que os níveis de bilirrubina do sangue podem aumentar:

*Veja em *Preparo de Soluções*, no Apêndice.

1. *Hemólise.* Um aumento da degradação da hemoglobina produz a bilirrubina, que sobrecarrega o mecanismo de conjugação.
2. *Incapacidade do mecanismo de conjugação no interior do hepatócito.*
3. *Obstrução no sistema biliar.*

A icterícia é um depósito de bilirrubina que resulta na coloração amarela da pele ou da esclera e se evidencia quando a concentração de bilirrubina ultrapassa 2 a 2,5 mg/dℓ (acima de 43 μmol/ℓ).

Do ponto de vista bioquímico, distinguem-se as icterícias com bilirrubina livre das com bilirrubina conjugada.

A hiperbilirrubinemia livre, considerada fisiológica, ocorre no recém-nascido, podendo atingir 12 mg/dℓ. Volta ao normal ao fim de uma semana e advém da imaturidade do mecanismo de conjugação pelo fígado.

A icterícia por hemólise excessiva compreende a anemia hemolítica, a hemoglobinúria paroxística, a policitemia, a malária, a eritroblastose fetal, o envenenamento por cogumelos e por picada de cobra. Nessas situações, a bilirrubina direta está moderadamente elevada, raramente acima de 10 mg/dℓ (171 μmol/ℓ); a menos que haja lesão hepática concomitante, a bilirrubina indireta está aumentada.

Na icterícia hepatocelular, como na hepatite por vírus, na cirrose, na necrose hepática aguda, nos tumores do fígado, nas intoxicações (pelo éter, clorofórmio, tetracloreto de carbono), na congestão hepática devida a insuficiência do coração, bem como nas obstruções (litíase, cânceres pancreático ou das vias biliares), predomina a bilirrubina direta.

▸Questões

1. Qual a importância da manutenção dos níveis de bilirrubina normal no recém-nascido?
2. Quais os cuidados que se deve ter com a amostra de sangue coletada para a dosagem das bilirrubinas?

19 Diálise

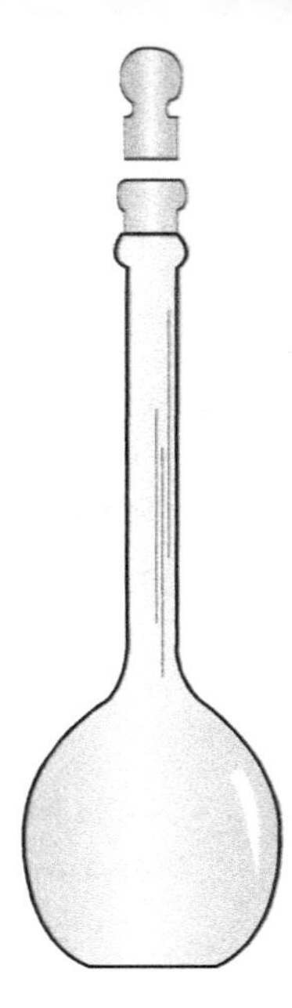

▸ Introdução

A diálise é o processo físico-químico de separação de macromoléculas, de íons e de compostos de peso molecular baixo em solução pela diferença em suas taxas de difusão através de uma membrana semipermeável após um certo tempo. Dois processos físicos estão envolvidos: difusão e convecção; difusão — passagem das partículas pelos poros da membrana do local mais concentrado para o mais diluído; convecção – processo de transmissão de calor que é acompanhado por um transporte de massa efetuado pelas correntes que se formam no seio do fluido.

As membranas são estruturas destinadas ao processo de compartimentação e capazes de selecionar, por mecanismos de transporte, os componentes que devem passar tanto para dentro, como para fora das células. As membranas biológicas estabelecem um gradiente de concentração entre os constituintes dos líquidos extracelulares e os intracelulares, mantendo-os em equilíbrio, de forma que desempenhem as suas funções.

As proteínas exercem papéis cruciais em quase todos os processos biológicos — em catálise, transporte, movimento coordenado, excitabilidade e controle do crescimento e da diferenciação. Esta notável gama de funções surge do enovelamento das proteínas em muitas estruturas tridimensionais distintas, que se ligam a moléculas muito diversas. Com os avanços da ciência, já é possível determinar a sequência de aminoácidos que determina as conformações das proteínas, porém estas precisam ser separadas dos demais constituintes celulares.

Por meio do processo de diálise, as proteínas podem ser separadas de moléculas pequenas por uma membrana semipermeável, tal como uma membrana de celulose com poros (veja Figura 19.1). Moléculas com dimensões significativamente maiores do que o diâmetro do poro ficam retidas dentro do saco de diálise, enquanto moléculas menores e iontes atravessam os poros de tal membrana e emergem no dialisado fora do saco.

Na prática clínica, os procedimentos de diálise incluem: hemodiálise, hemodiafiltração e diálise peritoneal.

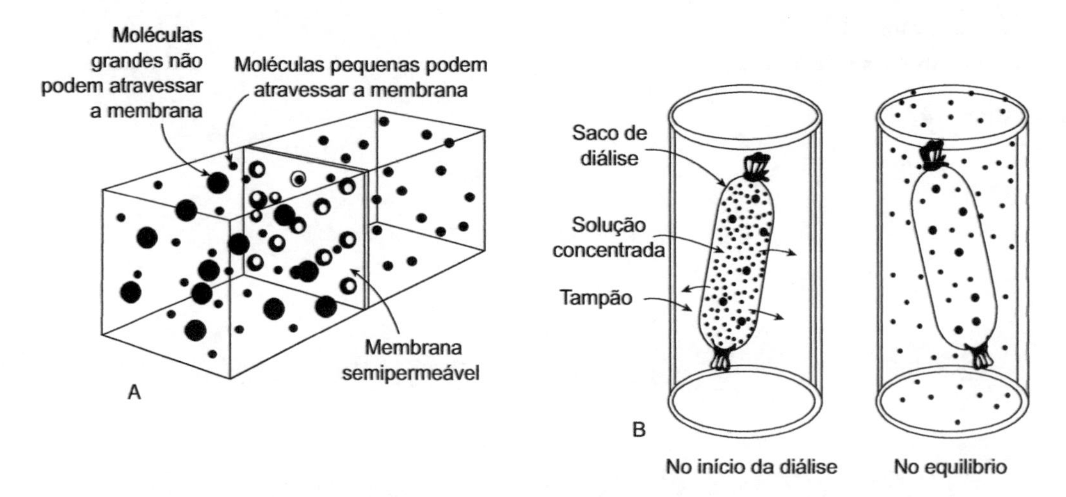

Figura 19.1 Separação das moléculas com base no tamanho, por diálise. (A) Princípio. (B) Aplicação. As moléculas de proteínas são mantidas no saco de diálise, enquanto as moléculas menores (glicose) difundem-se para o meio ao redor.

Hemodiálise é o método de tratamento dos indivíduos com insuficiência renal, que envolve conectar o paciente a um hemodialisador no qual o sangue flui para remover os resíduos e fluidos excedentes. Hemodiafiltração combina hemodiálise com hemofiltração, com a vantagem de obter maior eliminação da ureia. Já a diálise peritoneal é um tipo em que o dialisado é instalado na cavidade peritoneal, com o peritônio utilizado como membrana de diálise.

O transporte de soluto no processo de hemodiálise ocorre por três mecanismos:

- *Difusão:* é o fluxo de soluto de acordo com o gradiente de concentração, sendo transferida massa de um local de maior concentração para um de menor concentração. Depende do peso molecular e das características da membrana.
- *Ultrafiltração:* é a remoção de líquido por meio de um gradiente de pressão.
- *Convecção:* é a perda de solutos durante a ultrafiltração. Neste processo ocorre o arraste de solutos na mesma direção do fluxo de líquidos através da membrana.

Atividade prática: diálise

Objetivo

Verificar as propriedades de uma membrana de diálise.

Materiais e método

A seguir estão listados os materiais utilizados.

Materiais

- Membrana de diálise (*dyalisis tubing*, Viskase Corporation)
- Agitador mecânico
- Béquer de 500 ou 1.000 mℓ
- Barbante
- Tesoura
- Fita crepe
- Banho-maria fervente
- Tubo de ensaio
- Pipetas de 5 mℓ
- Pipet pump.

Reagentes*

- Solução de albumina 1%
- Solução de glicose 10%
- Reativo de Benedict.

Método

Princípio

A separação das moléculas é realizada com base no tamanho delas. As proteínas são mantidas no saco de diálise, enquanto as moléculas menores (glicose) difundem-se para o meio ao redor.

*Veja em *Preparo de Soluções*, no Apêndice.

A seguir, os passos para realização:

1. Seccionar cerca de 20 cm da membrana de diálise.
2. Umedecer a membrana em água corrente, tomando o cuidado de vedar uma de suas extremidades.
3. Introduzir 20 mℓ da solução de albumina/glicose (10 mℓ da solução de albumina + 10 mℓ da solução de glicose) no interior da membrana, tomando o cuidado de vedar a extremidade superior.
4. Montar o sistema de diálise no interior de um béquer que contenha água destilada e fixar uma das extremidades da membrana de diálise ao béquer (veja Figura 19.2), mantendo sob agitação constante por 45 a 60 min.
5. Depois de decorrido o tempo preestabelecido, será realizada uma determinação qualitativa de glicose.

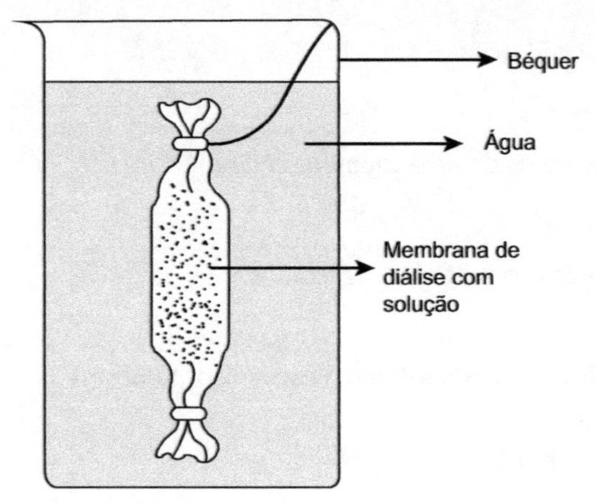

Figura 19.2 Representação esquemática do processo de diálise.

Para determinação qualitativa de glicose

6. Pipetar 4 mℓ da solução externa à membrana de diálise em um tubo de ensaio e acrescentar 2 mℓ de reativo de Benedict.
7. Aquecer em banho-maria fervente por 5 min. A reação será positiva, se houver a formação de um precipitado ou coloração avermelhada.

Nota. Justamente por terem um grupo aldeídico livre ou potencialmente livre ou um grupo cetônico, os açúcares são capazes muitas vezes de se oxidar em soluções alcalinas de íons de determinados metais, tais como cobre, bismuto, mercúrio, ferro ou prata. O teste positivo indica a formação de óxido cuproso.

▸ Resultados e conclusão

Anote o resultado obtido e formule a sua conclusão.

▸ Questões

1. Qual a importância da bioquímica e da biofísica das membranas?
2. Cite exemplos de patologias nas quais a diálise tem aplicação clínica.

20 Cromatografia

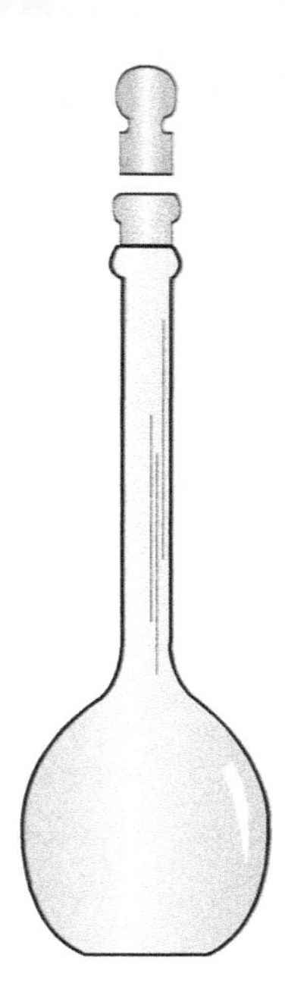

▸ Introdução

Os métodos empregados para a purificação de substâncias de origem biológica foram desenvolvidos devido à frequente inaplicabilidade dos métodos convencionais de química orgânica no isolamento da maioria dos componentes da matéria viva. Os problemas encontrados no isolamento de compostos bioquímicos puros tornar-se-ão aparentes no decorrer desse estudo. Cada substância deve ser separada dos demais componentes com os quais ocorre, ou seja, do material que contém vários milhares de diferentes espécies moleculares com peso molecular variando de 10^2 a 10^8, presentes em concentrações que oscilam entre 10^{-15} e 10^{-2} M. A substância desejada é frequentemente muito lábil e não pode ser exposta a extremos de pH, temperatura ou pressão. Com exceção de alguns lipídios e um pequeno número de outras substâncias, a maioria dos compostos é pouco solúvel em solventes orgânicos e deve ser purificada em soluções aquosas. Além disso, em qualquer classe de compostos biológicos, existem geralmente numerosas espécies que só possuem ligeiras diferenças. Por exemplo, a glicina é um dos 20 aminoácidos encontrados em hidrolisados de proteínas, e as suas propriedades gerais assemelham-se às dos demais α-aminoácidos. Estes aspectos exigiram o desenvolvimento de métodos muito seletivos, com alto grau de resolução e capazes de serem utilizados com quantidades micro de compostos. Muitos desses métodos são também empregados em procedimentos analíticos quantitativos e extremamente sensíveis e para estabelecer a pureza de um determinado composto.

▸ Princípios e classificação dos métodos de purificação

Os métodos mais eficazes que foram desenvolvidos para a purificação de compostos biológicos podem ser considerados como operações em cascata, cuja característica fundamental consiste na passagem de uma mistura de substâncias por meio de um arranjo sequencial de etapas de purificação. À medida que a mistura passa por uma etapa, obtém-se um certo grau de separação dos componentes da mistura, e, com a passagem contínua da mistura por meio de centenas ou milhares de etapas. Os seus componentes são separados, conseguindo-se um alto grau de purificação. No método em cascata, a série de eventos que ocorre durante a passagem de um estágio para outro é ilustrada sob a forma de diagrama para uma mistura de dois solutos. Podemos imaginar as moléculas da mistura sendo propelidas por meio de um canal de solvente por uma força *F1,* que atua igualmente em cada molécula presente. Entretanto, outras forças *F2* retardam as moléculas e atuam em direção oposta à força impulsora. Se as forças retardantes forem distintas para diferentes moléculas na mistura, inicia-se a separação dos componentes à medida que a mistura percorre uma extensão significativa do canal, podendo a separação ser completa se o processo for contínuo. Uma pequena extensão arbitrária do canal pode ser considerada como uma etapa na cascata de estágios de purificação.

A Tabela 20.1 fornece uma lista de alguns métodos em cascata comuns para a purificação de misturas de compostos biológicos; além disso, classifica cada um dos métodos baseando-se nas forças impulsoras e retardantes que atuam durante o processo de purificação.

TABELA 20.1

Classificação dos métodos de purificação.

Método	Força impulsora *F1*	Força retardante *F2*	A separação depende de
Distribuição em contracorrente	Mecânica	Partição	Solubilidade dos solutos em fases não miscíveis
Cromatografia:			
Adsorção	Hidrodinâmica	Adsorção de energia de superfície	Propriedades estruturais do soluto e adsorvente
Partição (líquido-líquido)	Hidrodinâmica	Partição	Solubilidade dos solutos em fases não miscíveis
Partição (gás-líquido)	Mecânica	Partição	Solubilidade gasosas em fase líquida
De troca iônica	Hidrodinâmica	Eletrostática	Natureza iônica
Filtração em gel	Hidrodinâmica	Partição	Partição determinada pelo tamanho e pela forma das moléculas de soluto
Afinidade	Hidrodinâmica	Interações não covalentes	Interação específica do soluto com adsorvente
Eletroforese:			
Em solução livre	Eletrostática	Fricção molecular	Propriedades iônicas
Em meios aquosos porosos (zonal)	Eletrostática	Fricção molecular	Propriedades iônicas
Em detergentes aquosos e porosos	Eletrostática	Fricção molecular	Peso molecular

Na atualidade, utiliza-se geralmente o termo cromatografia para descrever qualquer método de separação que envolva a percolação de uma mistura de substâncias dissolvidas por um meio de suporte sólido e poroso, independentemente das forças que levam à separação da mistura. Devido à variedade de métodos cromatográficos atualmente utilizados, é interessante considerar os princípios básicos de cada técnica.

▸ Cromatografia da adsorção

Em 1903, descreveu-se pela primeira vez a separação dos pigmentos extraídos de plantas em uma variedade de adsorventes sólidos. Os extratos de folhas contêm dois pigmentos verdes (clorofilas a e b) e diversos pigmentos amarelos (carotenoides). O método foi denominado cromatografia (do grego *chrôma,* "cor"; *gráphein,* "escrever'). A cromatografia de adsorção em carvão ativado, alumina e sílica-gel tem ampla aplicação, sendo utilizada na separação de muitos tipos de compostos. A separação depende da adsorção diferencial de compostos à superfície de adsorventes específicos por meio de determinadas forças, com interações dipolares, pontes de hidrogênio e interações hidrofóbicas.

▸ Cromatografia de partição

Este método foi desenvolvido como alternativa para a distribuição em contracorrente. Pensou-se que, se a fase estacionária de dois solventes não miscíveis pudesse ser imobilizada em um suporte sólido e inerte, em uma coluna cilíndrica, e a fase móvel, em equilíbrio com a fase estacionária, passasse através da coluna, seria possível separar uma mistura de substâncias dissolvidas nos solventes à medida que a fase móvel fluísse através da coluna. Nos estudos iniciais, utilizou-se sílica-gel como suporte sólido, saturando-o com água contendo laranja de metila. Empregou-se clorofórmio saturado com água como fase móvel.

Quando N-acetilaminoácidos foram dissolvidos em pequena quantidade da fase móvel, aplicados à coluna e fluíram com a fase móvel, constatou-se que se moviam em diferentes velocidades. Os N-acetilaminoácidos são ácidos suficientemente fortes para mudar a cor do alaranjado de metila, de modo que são visualizados como bandas avermelhadas movendo-se contra um fundo amarelo. Este método foi denominado cromatografia líquido-líquido.

Em pouco tempo, constatou-se que as folhas de papel de filtro de celulose eram excelentes matrizes para a cromatografia líquido-líquido, em lugar das colunas com suportes sólidos. A cromatografia de papel provou ser a mais eficaz de todas as técnicas analíticas e foi utilizada para a separação de aminoácidos não substituídos, bem como para muitas outras misturas complexas de compostos biológicos com pequeno peso molecular. Por exemplo, na separação de aminoácidos, emprega-se uma tira de papel de filtro na qual se coloca uma pequena quantidade de mistura perto do topo. A tira de papel é então saturada com a fase estacionária aquosa e pendurada em um recipiente contendo a fase móvel; todo o conjunto é fechado em uma câmara saturada com vapores das fases estacionária e móvel. A fase móvel é extraída do recipiente por capilaridade e flui pela tira de papel. Os compostos individuais descem pelo papel, em velocidades que dependem de seus coeficientes de partição nas duas fases. A ordem de migração dos compostos pelo papel distingue-se com diferentes solventes. Este método é conhecido como cromatografia em papel descendente. De modo alternativo, a cromatografia em papel ascendente é igualmente eficaz.

Introduziram-se muitas variações na técnica, tais como substituição da celulose por polímeros sintéticos, sílica, alumina e derivados de celulose. Além disso, pode-se utilizar uma quantidade quase ilimitada de solventes. Na cromatografia de camada delgada, prepara-se uma película fina de suporte sólido, de espessura uniforme, sobre uma superfície de vidro ou de plástico, sendo as misturas de substâncias separadas com solventes apropriados pelos mesmos métodos utilizados na cromatografia ascendente.

Outro método de partição, denominado cromatografia de gás-líquido (GLC), é particularmente apropriado para a separação de substâncias voláteis.

Na cromatografia de gás-líquido, preenche-se uma coluna de vidro ou de metal, de 1 a 2 m de comprimento por 0,2 a 2 cm de diâmetro, com um sólido inerte finamente dividido e impregnado com um líquido não volátil. Uma mistura de compostos voláteis é volatizada em uma extremidade da coluna, que é mantida em temperatura elevada (170 a 225°C). Os compostos volatizados são arrastados pela coluna por uma corrente de gás inerte (p. ex., nitrogênio), que flui em uma velocidade constante. Cada componente da mistura desloca-se na coluna a uma velocidade diferente, determinada pelo seu coeficiente de partição entre a fase gasosa (móvel) e a fase líquida não volátil (estacionária). Os compostos individuais no gás que emerge da coluna são detectados por meios físicos ou químicos.

A cromatografia líquida de alta resolução (HPLC — *high-perfomance liquid chromatography*) é outra variação da cromatografia de partição que emprega pressões muito elevadas para impelir o solvente através de uma delgada coluna. A técnica tem uma capacidade de resolução muito alta, sendo aplicada tanto para a análise quanto para a separação de misturas complexas.

A HPLC é uma técnica de alta resolução na separação de proteínas, peptídeos e aminoácidos. O princípio de separação tem como base a carga, o tamanho e a hidrofobicidade dos componentes. É uma técnica de separação de proteínas e peptídeos de alta sensibilidade e especificidade.

▸ Cromatografia de afinidade

Este método pode ser utilizado para a purificação de qualquer proteína que se ligue com considerável especificidade a outra substância. O princípio é o seguinte: um ligante L, que se liga de modo específico à proteína a ser purificada, fixa-se fortemente a uma matriz insolúvel M, resultando na adsorvente M-L. O adsorvente é suspenso em um solvente apropriado e colocado em uma coluna; a seguir, uma mistura contendo a proteína desejada é filtrada através da coluna. A proteína P é retardada ao interagir com o adsorvente específico, por meio de interações não covalentes, conforme indicado a seguir:

$$\text{M-L+P} \longrightarrow \text{M} - \text{L}''' \text{P}$$

Se a mistura não contém outras proteínas capazes de ligarem-se ao ligante imobilizado, todas as proteínas passarão através da coluna, exceto a proteína P. Após lavagem completa da coluna, efetua-se a eluição de P com um solvente que promove a dissociação do adsorvente específico, isto é, que desvia o equilíbrio da reação acima para a esquerda.

A natureza química do ligante depende da proteína a ser purificada, bem como dos meios de acoplá-lo à matriz insolúvel. Para uma enzima, o ligante costuma estar estruturalmente relacionado com seus substratos, produtos ou inibidores competitivos, visto que a especificidade de ligação se deve à interação do ligante com o local ativo da enzima. Para um anticorpo específico, deve ser estruturalmente relacionado com seu antígeno: no caso de lectinas, a um açúcar específico, e, no caso de proteínas receptoras, ao ligante específico que se liga ao receptor. O principal problema na escolha do ligante, entretanto, é a maneira química de acoplá-lo à matriz, e, embora durante muitos anos se acreditasse que a cromatografia de afinidade pudesse ser exeqüível, esta só se tornou praticável quando se descobriu um método geral para acoplar ligantes a dextranas e agaroses. Em pH alcalino, o brometo de cianogênio reage com as dextranas e agaroses comumente utilizadas para filtração em gel; o derivado resultante pode reagir com aminas primárias e secundárias e ligar-se covalentemente com elas.

Como as proteínas possuem grupos amino livres, elas se acoplam facilmente à agarose ativada. O inibidor da tripsina do feijão-soja, quando acoplado à agarose, fornece um excelente adsorvente específico para a tripsina e quimiotripsina. Ambas as enzimas no suco pancreático fixam-se ao inibidor em condições nas quais são cataliticamente ativas e têm mais probabilidade de interagir de modo específico com o inibidor. Na cromatografia de afinidade, a adsorção costuma ser feita em condições que promovem uma ligação máxima. Por conseguinte, depois que a maioria das outras proteínas do suco pancreático emerge da coluna sem qualquer retardamento, a quimiotripsina é especificamente eluída com tampão contendo benzamidina, que inibe fortemente a tripsina, mas não a quimiotripsina. Estes reagentes são, portanto, deabsorbantes específicos dessas enzimas, visto que também se ligam aos locais ativos das enzimas e, assim, podem desalojar o inibidor da tripsina do feijão-soja.

▸ Cromatografia de troca iônica

Neste método, uma mistura de solutos iônicos é colocada em uma matriz insolúvel carregada, em equilíbrio com um tampão aquoso, sendo este tampão percolado através da coluna por pressão hidrostática (força impulsora). A separação é obtida por interações iônicas (forças retardantes) entre os solutos e a matriz carregada. A migração de um soluto iônico pela coluna depende da natureza da matriz iônica, das propriedades iônicas do soluto e do solvente.

Utilizam-se vários tipos de materiais de troca iônica (trocadores de íons), incluindo resinas sintéticas, celulose, dextrana e agaroses, nos quais se introduzem grupos com cargas negativas ou positivas. Os permutadores de carga negativa que fixam cátions são denominados permutadores catiônicos, enquanto os de carga positiva são conhecidos como permutadores aniônicos. A Tabela 20.2 fornece uma lista de alguns permutadores catiônicos e aniônicos típicos e comercialmente disponíveis.

TABELA 20.2

Exemplos de trocadores de cátions e ânions.

Trocadores de cátions	Trocadores de ânions
Poliestireno sulfonado	Trietol aminopoliestireno
Ácido polimetano acrílico	Dimetil-(hidroximetil)-aminopoliestireno
Fosfato de celulose	O-(Dietilaminoetil)-celulose (DEAE)
Carboximetil-celulose (CM-celulose)	Dietil-(2-hidroxi-propil) aminoetil dextrana
Sulfopropil-dextrana	

A cromatografia de troca iônica é amplamente utilizada para a separação de compostos biológicos. São necessárias duas colunas: uma (150 cm) para aminoácidos ácidos, neutros e aromáticos, e outra (15 cm) para aminoácidos básicos. Assim, os ácidos aspártico e glutâmico emergem antes da maioria dos aminoácidos neutros e muito antes dos aminoácidos básicos. Mesmo os aminoácidos neutros separam-se facilmente uns dos outros, visto que, apesar de seus valores similares de pK, as cadeias laterais apresentam diferentes afinidades não polares pela resina.

▸ Atividade prática: cromatografia em papel

▸ Objetivo

Separação de aminoácidos por meio de cromatografia em papel ascendente.

▸ Materiais e método

Materiais

- Papel Whatman nº 1
- Régua
- Lápis
- Capilar
- Cuba para cromatografia
- Borrifador
- Estufa
- Calculadora.

Reagentes*

- Aminoácidos: fenilalanina, glicina, alanina a 0,25% em água ou isopropanol
- Mistura padrão de aminoácidos
- Solvente: butanol:ácido acético:água (4:1:5, v/v/v)
- Ninhidrina 0,2% em butanol 95%.

Método

Princípio

A cromatografia em papel é uma técnica utilizada para identificação de componentes de uma mistura, comparando-a com o comportamento de substâncias conhecidas chamadas de padrões.

A separação dessas substâncias baseia-se na migração dos componentes da mistura em um sistema formado por duas fases. A fase imóvel formada pela celulose do papel de filtro, com afinidade pela água (hidrofílica/polar), e uma fase móvel formada por n-butanol e ácido acético, que percorre o papel por capilaridade e arrasta os componentes da mistura em velocidades diferentes.

Após a migração dos compostos desconhecidos realiza-se a identificação por comparação com o comportamento de substâncias conhecidas. Para isso, usa-se um parâmetro conhecido como razão de fluxo (Rf); que é a relação entre a distância (d) migrada pela substância e a distância migrada pelo solvente (lf = linha de frente), ou seja:

$$Rf = d/lf$$

Como as substâncias não são coloridas naturalmente procedemos a uma reação química com a substância analisada, formando um produto colorido com solução butanólica de a ninhidrina 0,2% (veja Figura 20.1).

*Veja em *Preparo de Soluções*, no Apêndice.

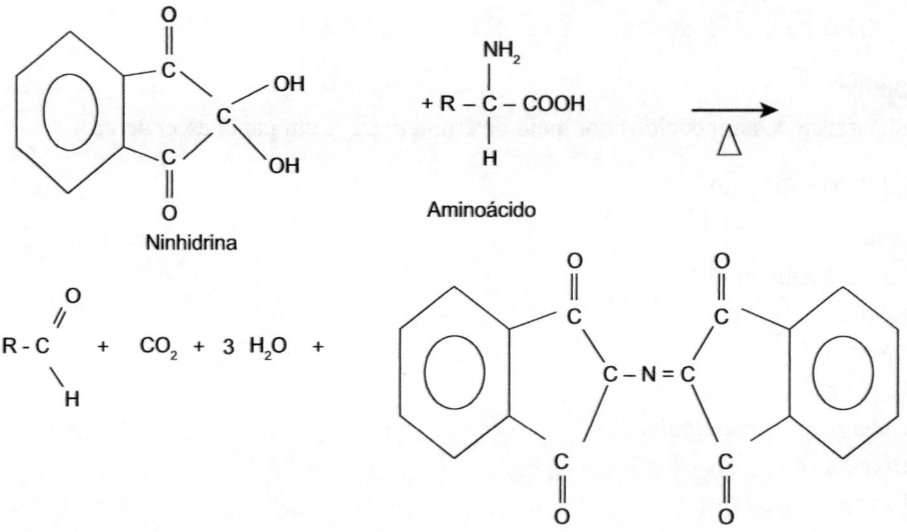

Ninhidrina + Aminoácido ($R-CH(NH_2)-COOH$) $\xrightarrow{\Delta}$ $R-CHO$ + CO_2 + 3 H_2O + (produto púrpura)

Figura 20.1 Reação da ninhidrina com os aminoácidos.

A solução desconhecida bem como os padrões, aminoácidos conhecidos, que serão aplicados no papel terão sua posição revelada pela reação da ninhidrina que reage a 100°C com o grupo amino ($-NH_2$) dos aminoácidos com a formação de um produto com a cor púrpura ou amarela.

Após a revelação será calculada a Rf e as substâncias que possuírem a mesma Rf serão consideradas equivalentes.

Procedimento

1. Na folha de papel de filtro (Whatman nº 1) trace a lápis duas retas. Uma a 2 cm da base do papel (linha de partida) e outra na margem esquerda, a 1 cm da borda do papel. Trace também uma linha a 10 cm da linha de partida. Esse será o ponto onde interromperemos o experimento.
   Manuseie o papel somente pelas pontas
2. Subdivida a linha de partida a cada 2 cm. Com a ajuda de um tubo capilar, aplique as soluções (desconhecida e padrões) nos locais.
   Aplique três vezes cada solução, deixando secar a cada aplicação
3. Coloque a fase líquida (mistura de n-butanol:ácido acético:água) até mais ou menos 1 a 1,5 cm de altura.
4. Enrole o papel e prenda-o com um clipe, de forma que se pareça com um tubo.
5. Coloque o papel na cuba cromatográfica, de maneira uniforme, sem que a linha de partida esteja imersa no solvente (veja a Figura 20.2).
6. Tampe a cuba cromatográfica e, quando o solvente atingir a linha de chegada, retire o papel, secando em estufa ou secador.
7. Quando o papel estiver seco, borrife a solução de ninhidrina levando a estufa a 100°C para a revelação.
8. Medir o Rf para cada um dos compostos estudados. Fazendo a intersecção entre a linha de base e a linha lateral. Calcule o Rf utilizando a fórmula apresentada anteriormente.

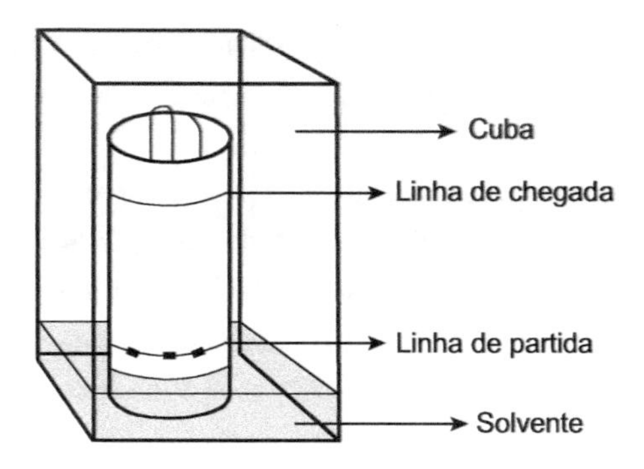

Figura 20.2 Representação ilustrativa de cromatografia em papel.

9. Compare o Rf dos compostos desconhecidos com o Rf dos padrões. Os compostos que possuírem o mesmo Rf serão considerados a mesma substância.

Cálculos

Calcule o Rf para cada amostra e também para os padrões, utilizando a fórmula a seguir: Rf = d/lf.

▸ Resultados e conclusão

Compare seus cálculos de Rf de cada um dos aminoácidos da amostra com os cálculos de Rf dos padrões e verifique quais são os aminoácidos contidos na amostra.

As aminoacidopatias são doenças raras do metabolismo de aminoácidos, geralmente relacionadas com a deficiência de enzimas que participam do catabolismo dos aminoácidos. Algumas aminoacidopatias são apresentadas na Tabela 20.3.

TABELA 20.3

Exemplos de aminoacidopatias.

Tipo de doença	Deficiência enzimática
Cistinúria	Alfa-cistationase
Fenilcetonúria	Fenilalanina hidroxilase
Tirosinemia	Fumarilacetoacetase
Homocistinúria	Cistationina beta-sintetase

A impossibilidade de se degradar a fenilalanina causa o acúmulo do substrato no sangue que é desviado e produz outros compostos tóxicos (fenilpiruvato, fenilacetato e fenilactato), bem como ocorre sua eliminação na urina. A fenilcetonúria (PKU) é um dos exames que está dentro da triagem neonatal obrigatória por suas consequências em retardamento mental.

A tirosinemia é a falta de tirosina. Causa problemas na formação da bainha de mielina dos neurônios. É um distúrbio da transformação da fenilalanina em tirosina pela fenilalanina hidroxilase.

Cistationina beta-sintetase participa da degradação da metionina. O defeito em sua produção ou funcionamento causa a deficiência da cisteína e o acúmulo da metionina e homocisteína. Como consequências surgem luxação de cristalino, miopia, osteoporose, escoliose e retardamento mental. Problemas de coagulação e excesso de homocisteína, associado às espécies reativas de oxigênio, produzem atividades aterogênica e trombogênica e aumentam o risco de doença cardiovascular.

As aminoacidopatias são erros inatos do metabolismo intermediário; estão descritas cerca de 50 aminoacidopatias que, se não forem prevenidas e tratadas (geralmente dietas pobres nos aminoácidos) evitando o acúmulo dos metabólitos indesejados e tóxicos nos fluidos e tecidos, podem provocar danos cerebrais irreversíveis e até a morte.

É essencial o diagnóstico precoce pré-natal ou pós-natal para evitar as consequências. Portanto, a cromatografia de papel é um método que pode ser utilizado para esse diagnóstico.

▶Questões

1. A cromatografia utilizada nesta aula prática pertence a que tipo de cromatografia? Justifique.
2. Quais as aplicações da cromatografia?

21 Cadeia de Transporte de Elétrons

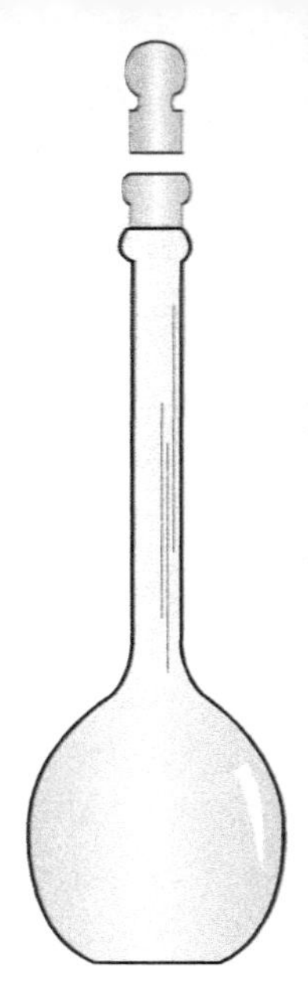

▸ Introdução

Para manter a vida, os seres vivos necessitam de um suprimento contínuo de energia química (ATP). Normalmente, essa energia é extraída dos alimentos, principalmente dos açúcares. A remoção dessa energia é feita na forma de hidrogênios altamente energéticos por meio de reações de oxidorredução.

A oxidação é um processo que resulta na perda de um ou mais elétrons pelas substâncias (átomos, íons ou moléculas). Quando um elemento está sendo oxidado, seu estado de oxidação altera-se para valores mais positivos. O agente oxidante é aquele que aceita elétrons e é reduzido durante o processo.

A redução é, por sua vez, um processo que resulta em ganho de um ou mais elétrons pelas substâncias (átomos, íons ou moléculas). Quando um elemento está reduzido, seu estado de oxidação atinge valores mais negativos (ou menos positivos). O agente de redução é consequentemente aquele que perde elétrons e que se oxida no processo.

As moléculas ricas em energia, como a glicose ou os ácidos graxos, são metabolizadas por uma série de reações de oxidação, produzindo finalmente CO_2 e água. Os intermediários metabólicos e destas reações doam elétrons para coenzimas especializadas, a nicotinamida adenina dinucleotídio (NAD^+) e a flavina adenina dinucleotídio (FAD^+), para formar coenzimas reduzidas ricas em energia, NADH e $FADH_2$.

$$NAD^+ + 2H^+ \rightarrow NADH + H^+$$
$$FAD + 2H^+ \rightarrow FADH_2$$

Estas coenzimas reduzidas podem por sua vez doar, cada uma, um par de elétrons a um conjunto especializado de transportadores de elétrons, coletivamente denominado cadeia de transporte de elétrons, anteriormente denominado cadeia respiratória. À medida que os elétrons atravessam a cadeia de transporte de elétrons perdem muito de sua energia livre. Parte desta energia pode ser capturada e armazenada pela produção de ATP a partir do ADP e do fosfato inorgânico (Pi). Este processo é denominado fosforilação oxidativa. O restante da energia livre não capturada como ATP é liberado em forma de calor.

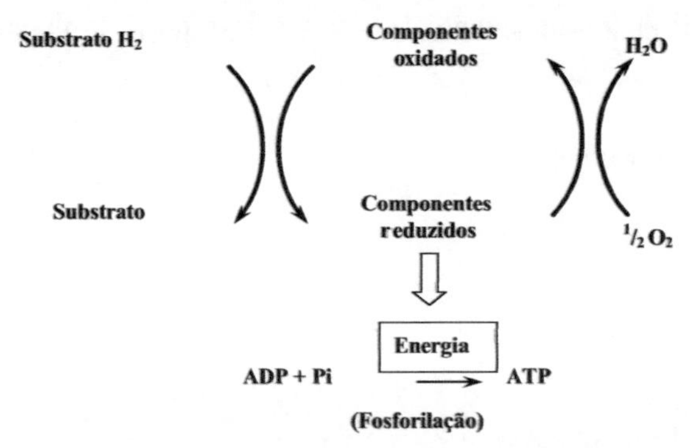

A cadeia de transporte de elétrons é, portanto, a via oxidativa final das células aeróbicas. Esta via é constituída por um sistema complexo de enzimas e coenzimas, localizadas na membrana interna da mitocôndria, que executa o transporte de elétrons até o oxigênio molecular graças às reações de oxidorredução.

▸ Componentes da cadeia de transporte de elétrons

A cadeia de transporte de elétrons é formada por quatro complexos enzimáticos (formados por flavoproteínas, centros ferro-enxofre e citocromos) e dois transportadores da fase lipídica (coenzima Q e citocromo C). Os componentes da cadeia de transporte de elétrons podem ser observados no esquema apresentado na Figura 21.1.

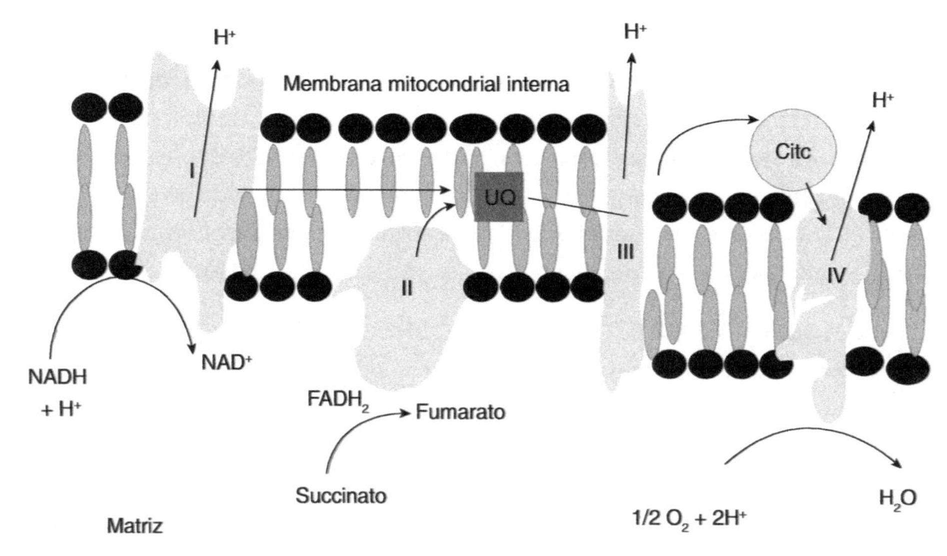

Figura 21.1 Desenho esquemático dos componentes da cadeia de transporte de elétrons.

Algumas características de cada um dos componentes são descritas a seguir:

— Complexo I: NADH-Q redutase ou NADH desidrogenase. Transfere elétrons do NADH da matriz mitocondrial para a coenzima Q por meio de sua coenzima Flavina mononucleotídeo FMN;

— Complexo II: succinato-Q redutase. Recebe elétrons do $FADH_2$ proveniente da reação de transformação de succinato a fumarato no ciclo de Klebs;

— CoQ: a coenzima Q (um lipídio da classe dos terpenos) aceita elétrons a partir do complexo I e do complexo II. Esta quinona lipossolúvel é conhecida também como ubiquinona, representada no esquema como UQ;

— Complexo III: citocromo c redutase. Aceita elétrons da coenzima Q e doa para o citocromo c. São componentes do complexo III o citocromo b e o citocromo c_1. O citocromo c é uma proteína hidrossolúvel que se difunde ao longo da membrana interna voltada para o espaço intermembrana (entre as membranas mitocondriais externa e interna);

— Complexo IV: citocromo oxidase. Transfere elétrons do citocromo c para O_2. É constituído por dois citocromos (a e a_3) e difere dos demais complexos por ser o único a possuir cobre como constituinte.

▸ A produção de ATP na cadeia de transporte de elétrons: fosforilação oxidativa

O mecanismo da fosforilação oxidativa tem sido amplamente discutido desde a década de 1950. Basicamente três hipóteses surgiram; um raciocínio do passado, de 1954, Slater invoca a formação de mediadores químicos durantc a transferência de elétrons que são eventualmente decompostos por Pi com a formação de fosfato de alta energia: teoria química da fosforilação oxidativa. Já o laboratório David Green afirma que a transferência de elétrons faz com que as proteínas mitocondriais assumam configurações de alto teor energético, que é descarregado pela formação de fosfato de alta energia — hipótese de acoplamento mecânico.

Mas, atualmente, a hipótese de Mitchell, de 1961, modificada e denominada teoria quimiostática da fosforilação oxidativa, é a aceita. De acordo com Mitchell, à medida que os elétrons dos hidrogênios deslocam-se por meio da cadeia de transporte de elétrons ocorre o bombeamento de prótons (H^+) da matriz mitocondrial em direção ao espaço intermembranoso. A membrana interna da mitocôndria é impermeável à livre passagem de prótons, assim H^+ não consegue voltar livremente, somente por meio da proteína ATPase. Dessa forma, este gradiente de prótons constitui uma fonte de energia química com intensidade suficiente para suportar a síntese de ATP ao nível mitocondrial, sendo que isso se torna possível devido à presença da enzima ATP sintetase, que é parte integrante da membrana mitocondrial interna.

▸ Substâncias que interferem na cadeia de transporte de elétrons

Os inibidores de cadeia de transporte de elétrons são substâncias que agem especificamente em locais da cadeia bloqueando a passagem de elétrons. Como exemplo, podemos citar o amital e a rotenona, que atuam na passagem de elétrons ao nível do complexo NADH-Q redutase ou NADH desidrogenase, a antimicina A, que bloqueia a passagem ao nível do complexo citocromo redutase, além de cianeto e monóxido de carbono, que agem ao nível do complexo citocromo oxidase.

Existem substâncias denominadas aceptoras de elétrons que agem especificamente em certos pontos da cadeia de transporte de elétrons, recebendo elétrons e alterando o seu estado de oxidação. Essa mudança de estado de oxidação pode ser acompanhada pela alteração da cor. Como exemplo, vamos citar o TTC (cloreto de 2,3,5-trifeniltetrazolium) que na forma oxidada é incolor, mas, após receber elétrons do complexo citocromo redutase, assume a forma reduzida de cor vermelha. Uma outra substância, a DPI (2,6-diclorofenolindofenol), na forma oxidada é azul, mas após receber elétrons do complexo NADH-Q redutase ou da succinato-Q redutase torna-se reduzida e incolor. O mesmo é observado com o azul de metileno, que age no nível da CoQ, na forma oxidada é azul e na forma reduzida, incolor.

O uso simultâneo de inibidores e aceptores de elétrons constitui uma das ferramentas para o estudo da cadeia de transporte de elétrons. Segue a descrição de alguns inibidores:

— *Arginina:* um aminoácido essencial
— *Amital:* barbitúrico anticonvulsivante e anestésico geral
— *Rotenona:* composto extraído das raízes de plantas tropicais (*Derris elliptica, Lonchocarpus nicou*). Utilizada como inseticida relativamente seguro, com baixa toxicidade
— *Antimicinas:* são antibióticos produzidos por espécies de *Streptomyces*. Não são usadas como agentes terapêuticos
— *Cianeto:* dentre os venenos, os cianetos são os mais conhecidos pelo público. Utilizados em câmeras de gás durante a Segunda Guerra Mundial e como pesticida, tem uma dose mínima letal de 1 a 3 mM
— *Gás sulfídrico:* de odor desagradável, em tubo de ensaio, 0,1 mM de sulfito, inibe mais o citocromo oxidase do que 0,3 mM de cianeto 96 contra 90%

— *Monóxido de carbono:* a forma ferro reduzida do citocromo oxidase constitui com CO um complexo estável que lembra a CO-hemoglobina.

Além dos inibidores da cadeia de transporte de elétrons e dos aceptores de elétrons, existe um grupo de substâncias que, embora não sejam utilizadas nesta prática, merece referências devido a sua importância médica. Tais substâncias são denominadas inibidores da fosforilação oxidativa, e agem especificamente bloqueando o fluxo de energia para a síntese de ATP, e os desacopladores da fosforilação oxidativa, que fazem com que a energia disponível no processo para síntese de ATP se perca na forma de calor.

Como exemplos de inibidor da fosforilação oxidativa citamos as oligomicinas, antibiótico de vários *Streptomyces*, amplamente utilizadas como instrumento experimental. Destacam-se como desacopladores da fosforilação oxidativa substâncias como DNP (2,4-dinitrofenol), triac e hormônios como T_3 e T_4. Todos causam um aumento da taxa metabólica, tendo sido usados com a finalidade de perda de peso. Entretanto, os efeitos do DNP no metabolismo dos tecidos mostraram periculosidade, por isso foi abandonado como agente para a cura da obesidade.

▸ Atividade prática: estudo do funcionamento da cadeia de transporte de elétrons

▸ Objetivo

Estudar o funcionamento da cadeia de transporte de elétrons por meio do uso de inibidores e aceptores de elétrons.

▸ Materiais e método

Princípio

O princípio do método é apresentado a seguir: observaremos em cinco tubos de ensaio o funcionamento da cadeia de transporte de elétrons. Isto é possível por meio da adição de uma solução de mitocôndrias (pH estabilizado pelo tampão fosfato), um substrato para atividade da cadeia (succinato, citrato) e aceptores de elétrons (TTC ou azul de metileno) que indicam por meio da mudança de cor o que está ocorrendo com o transporte dos elétrons. Em alguns tubos serão adicionados inibidores (arginina, malonato).

Materiais

- Tubos de ensaio
- Estante para tubos de ensaio
- Pipetas de 1 mℓ
- Pipetas de 0,1 mℓ
- Pipetas de Pasteur
- Óleo mineral
- Banho-maria com temperatura 37°C.

Reagentes*

- Tampão fosfato
- Solução de mitocôndrias (homogenato de fígado)

*Veja em *Preparo de Soluções*, no Apêndice.

- Solução de succinato de sódio 5% (p/v)
- Solução de malonato de sódio 5% (p/v)
- Solução de citrato de sódio 0,5M
- Azul de metileno 0,03% (p/v)
- TTC 0,34% (p/v)
- Amital ou arginina 0,1M.

Método

Preparar 5 tubos de ensaio conforme Tabela 21.1. Levá-los ao banho-maria 37°C, observar a cor inicial e posteriormente o que ocorre de 5 em 5 min em cada tubo. Anotar suas observações na tabela de resultados. Acompanhar o experimento durante 15 min.

TABELA 21.1

Preparo dos tubos para estudo da cadeia de transporte de elétrons.

Tubos	1	2	3	4	5
Tampão fosfato mono e dissódico pH 7,4	1,0 mℓ	1,0 mℓ	1,0 mℓ	1,0 mℓ	1,0 mℓ
Succinato de sódio 5%	0,1 mℓ	0,1 mℓ	0,1 mℓ	0,1 mℓ	
Malonato 5%			0,2 mℓ		
Citrato de sódio 0,5 M					0,1 mℓ
Arginina 0,1N				0,1 mℓ	0,1 mℓ
Azul de metileno 0,33%		1 gota	1 gota	1 gota	1 gota
TTC 0,34%	1 gota				
Homogenato de fígado (suspensão de mitocôndria)	3,0 mℓ	3,0 mℓ	3,0 mℓ	3,0 mℓ	3,0 mℓ
Agitar e adicionar óleo mineral*	1,0 mℓ	1,0 mℓ	1,0 mℓ	1,0 mℓ	1,0 mℓ
Temperatura de incubação	37°C	37°C	37°C	37°C	37°C

* Escorrer lentamente o óleo mineral pela parede do tubo.

▸ Resultados e conclusão

Na tabela que se segue anote as cores observadas nos tubos de 1 a 5 durante o experimento.

		Cor final			
Tubos	**Cor inicial**	**5'**	**10'**	**15'**	**20'**
1					
2					
3					
4					
5					

Observe no esquema proposto na Figura 21.2 o local de ação de alguns inibidores e aceptores de elétrons na cadeia de transporte de elétrons. A partir de suas observações discuta nas questões o que ocorreu em cada um dos tubos de ensaio para que tivessem ou não suas cores alteradas.

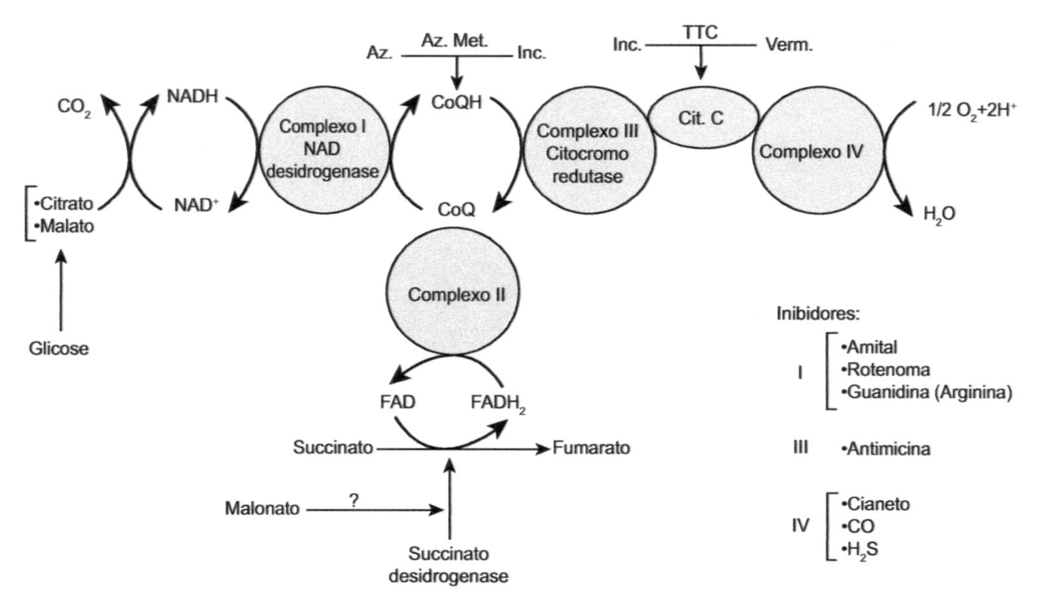

Figura 21.2 Locais de ação de alguns inibidores e aceptores de elétrons na cadeia de transporte de elétrons.

▸ Questões

Explique o que ocorreu em cada um dos tubos (tubos 1 a 5).

Tubo 1: ____

____

____

Tubo 2: ____

____

____

Tubo 3: ____

____

____

Tubo 4: ____

____

____

Tubo 5: ____

____

____

22 Dosagem de Cálcio e de Fósforo

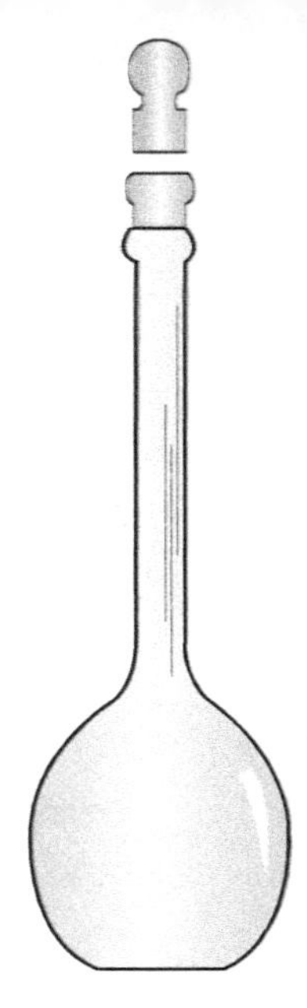

▸ Introdução

Os ossos são compostos de matriz orgânica resistente reforçada por depósito de sais de cálcio. A matriz orgânica do osso consiste em 90 a 95% de fibras colágenas e o restante é constituído por substâncias fundamentais que são compostas por líquidos extracelulares especialmente condroitina sulfato e ácido hialurônico, cujas funções são ajudar a controlar a deposição dos sais de cálcio. Os sais cristalinos depositados nas matrizes orgânicas dos ossos são compostos de cálcio e fosfato. Cerca de 15 a 20% do peso corporal é constituído pelo esqueleto ósseo.

O processo de remodelação óssea ocorre pela reabsorção e da formação óssea, dois processos intermediados respectivamente pelos osteoclastos e osteoblastos. Durante a reabsorção, a estrutura óssea é dissolvida e digerida pelos ácidos e enzimas produzidos pelos osteoclastos. A formação óssea, atividade processada pelos osteoblastos, é realizada pela síntese de colágeno e outras proteínas, depositados na matriz e depois mineralizados.

No metabolismo ósseo mineral normal ocorre uma perfeita sincronização entre os processos de formação e de reabsorção óssea, respectivamente, em acordo com os períodos do desenvolvimento do esqueleto. Após o período de crescimento, quando a massa óssea atinge sua maior densidade, começa uma perda óssea progressiva de 0,2 a 0,5% por ano. Nos cinco primeiros anos após a menopausa, esta velocidade de perda pode acelerar para 2 até 5% ao ano.

▸ Metabolismo do cálcio

O cálcio constitui 2% do corpo humano adulto, sendo que 99% do cálcio encontra-se nos ossos e dentes. O cálcio desempenha funções como participar da coagulação sanguínea, da excitabilidade neuromuscular, da permeabilidade capilar, sendo ainda cofator enzimático. Nos músculos cardíacos e esqueléticos, os fluxos de cálcio entre citosol e retículo sarcoplasmático são essenciais para contração e relaxamento.

As necessidades de cálcio variam muito com a fase de desenvolvimento do indivíduo e com o seu estado metabólico. As fontes alimentares mais fornecedoras de cálcio ao organismo do indivíduo são o leite e seus derivados constituindo a mais importante, hortaliças e vegetais folhosos.

Nem todo cálcio dos alimentos é utilizado pelo organismo. Cerca de 20 a 40% do cálcio é absorvido do trato intestinal para a corrente sanguínea a fim de se tornar utilizável. Os fatores que contribuem com a absorção de cálcio são a vitamina D e o pH intestinal ácido, pois facilita a ionização do cálcio, forma pela qual é absorvido.

Dentre os fatores que dificultam a absorção do cálcio estão a presença de ácido oxálico por formar sais insolúveis com o cálcio e o excesso de gorduras pois forma sabões com o cálcio.

▸ Metabolismo do fósforo

O fósforo desempenha funções variadas no conjunto das atividades metabólicas. O fósforo não ocorre sob a forma livre, mas sob a forma de fosfato, compostos ricos em energia (ATP, fosfocreatina), nos processos de ativação de substâncias orgânicas (glicose, aminoácidos), nos nucleotídios dos ácidos nucleicos e nos fosfolipídios. O fosfato do sangue pode ser levado para o líquido extracelular e daí para as células. O fosfato levado aos ossos e dentes é utilizado no processo de mineralização desses tecidos.

Todo o fosfato absorvido pela mucosa intestinal está sob a forma de fosfato inorgânico. O fosfato é obtido da digestão de nucleoproteínas e fosfoproteínas, por meio de enzimas hidrolíticas especiais.

A retenção do fosfato é uma causa importante de acidose decorrente de doenças renais graves, contribuindo ainda para a diminuição do cálcio sérico o que pode conduzir o indivíduo à tetania.

As fontes alimentares mais importantes são o leite e derivados, carne bovina, peixes, aves, leguminosas, ovos, legumes e cereais.

O fósforo é o maior ânion intracelular e no sangue é chamado de fosfato. Os fosfatos são essenciais porque formam par com o cálcio para a manutenção de ossos e dentes.

▸ Regulação do cálcio e do fósforo

O metabolismo interno e a homeostasia do cálcio e do fósforo são controlados pelo PTH (paratormônio), calcitonina e vitamina D na forma de 1,25-diidroxicolecalciferol todos agindo para manter concentrações de cálcio e fosfato fisiologicamente ativos em níveis compatíveis com a função muscular e nervosa normal e que não excedam o produto de solubilidade de Ca_4PO_4.

O PTH aumenta o nível de cálcio sérico atuando no osso, intestino e rim, simultaneamente, sempre acompanhado da vitamina D. No rim sua ação é mais rápida visando à reabsorção renal do cálcio, evitando sua excreção urinária, prevenindo, assim, uma diminuição da calcemia e favorecendo uma eliminação de fósforo bem como potássio e bicarbonato. No intestino o PTH e vitamina D agem aumentando a absorção intestinal por meio de estímulo na síntese da proteína transportadora de cálcio e no tecido ósseo aumentando a mobilização de cálcio para o sangue. O PTH realiza diurese de fosfato diminuindo sua reabsorção na medida que mobiliza o cálcio e o fósforo do osso.

A calcitonina diminui o teor de cálcio sanguíneo, atuando principalmente na deposição de cálcio no tecido ósseo por meio do estímulo da atividade osteoblástica.

Além disso, a reabsorção ou deposição de cálcio no osso está ligada à energia mecânica de sustentação de peso ou estiramento muscular. Sabe-se que o repouso, a imobilização de um membro durante o restabelecimento de uma fratura ou a falta de gravidade (experimentada pelos astronautas) podem ocasionar mobilização do mineral e sua rarefação no osso. Já a sustentação de peso tende a aumentar a deposição de cálcio ao longo das linhas de força do osso.

Outro fator importante na mobilização do mineral ósseo é o equilíbrio acidobásico. Há muito se sabe que a acidose favorece a mobilização de cálcio e que a alcalose favorece a sua deposição do osso. Existem, também, substâncias que favorecem a mobilização óssea, como heparina, endotoxinas bacterianas; como inibidores desse processo temos certos hormônios como: estrogênicos, androgênios e glucagon.

▸ Atividade prática: dosagem de cálcio e de fósforo

▸ Objetivo

Determinar a concentração de cálcio e de fósforo no soro.

▸ Materiais e método

Materiais

- Tubos de ensaio
- Estantes para tubos de ensaio
- Cubetas
- Pipetas
- Espectrofotômetro
- Papel absorvente.

Reagentes para dosagem de cálcio*

- Reagente CFX
- Padrão de cálcio 10 mg/dℓ
- Reativo tampão.

Reagentes para dosagem de fósforo*

- Reativo padrão
- Reativo de molibdato.

Método

Princípio da determinação do cálcio sérico

O cálcio total é freqüentemente determinado por meio de métodos espectrofotométricos simples utilizando-se indicadores que mudam de cor seletivamente ao se ligarem ao cálcio. Embora vários métodos já tenham sido descritos, os mais utilizados e recomendados são os da 0-cresolftaleina complexona (CPC) e o arsenazo III. O método descrito a seguir emprega o corante complexante CPC.

Quando em meio alcalino, a CPC forma um complexo púrpuro com o cálcio, o qual pode ser quantificado pela espectrofotometria em comprimento de onda de 570 a 580 nm. O cálcio forma complexos de 1:1 e 1:2 com a CPC, de tal forma, que predominam os complexos 1:1 para baixas concentrações de cálcio. Considerando que o complexo 1:1 apresenta coeficiente de extinção diferente do 1:2, a curva de calibração para baixas concentrações de cálcio não é linear, sendo recomendada uma curva de calibração com vários pontos.

Procedimento

Em dois tubos de ensaio, devidamente marcados de P (padrão) e A (amostra), aplicar a técnica conforme a Tabela 22.1.

---

*Veja em *Preparo de Soluções*, no Apêndice.

TABELA 22.1

Técnica de preparação dos tubos para a determinação do cálcio.

Tubos	Padrão	Amostra
Reativo CFX	50 µℓ	50 µℓ
Reativo tampão	3,5 mℓ	3,5 mℓ
Misturar e ler em 570 nm zerando o espectro com água	A_{BP}=	A_{BA}=
Padrão	20 µℓ	–
Amostra	–	20 µℓ
Após 10 min, repetir as leituras	$A_{P=}$	$A_{A=}$

Cálculos

$$\text{Cálcio mg/d}\ell = A_A - A_{BA} \times f$$

Onde, $f = \dfrac{10\ \text{mg/d}\ell}{A_P - A_{BP}}$

Princípio da determinação do fosfato sérico

Os íons fosfato reagem, em meio ácido, com o molibdênio, sob a forma de molibdato de amônio, formando um complexo amarelado (fosfomolibdato de amônio) que, por ação de um tampão alcalino, é reduzido a azul de molibdênio.

Procedimento

Rotular três tubos de ensaio designando-os, respectivamente, por B (branco), A (amostra) e P (padrão) e proceder conforme indicado na Tabela 22.2.

TABELA 22.2

Técnica de preparação dos tubos para a determinação do fósforo.

Tubos	Branco	Amostra	Padrão
Água destilada (mℓ)	5,0	5,0	5,0
Soro (mℓ)	–	0,2	–
Padrão (mℓ)	–	–	0,2
Catalisador (gotas)	2	2	2
Molibdato (gotas)	2	2	2
Agitar fortemente* e colocar em banho de água fria por 5 min			
Tampão	4	4	4
Agitar fortemente e colocar em banho de água fria (20 a 25°C) por 5 min			
Absorbância a 650nm**	zerar		

*Pode turvar; **cor estável por 15 min.

Cálculos

Fosfato expresso em mg de

$$P(mg/d\ell) = \frac{A\ amostra}{A\ padrão} \times 5$$

▸ Resultados e conclusão

Veja a seguir os valores de referência para a determinação de cálcio e fósforo e suas interpretações.

Valores de referência para o cálcio

Soro = 8,5 a 10,5 mg/dℓ
Urina = 60 a 200 mg/24 h

Valores de referência para o fósforo

Adultos

2,5 a 5,0 mg/dℓ

Crianças

Até 10 dias – 4,5 a 9,0 mg/dℓ
10 dias a 2 anos – 4,5 a 6,7 mg/dℓ
2 a 12 anos – 4,5 a 5,5 mg/dℓ

As alterações nos níveis de cálcio e de fósforo levam a algumas patologias associadas, tais como:

Hipocalcemia e hiperfosfatemia: raquitismo, osteomalacia, hipovitaminose D, hipoparatiroidismo

Hipercalcemia e hipofosfatemia: hipervitaminose D, hiperparatiroidismo, neoplasias ósseas.

Observam-se variações fisiológicas segundo a idade, alimentação, atividade física, gravidez etc.

A deficiência de cálcio pode levar ao raquitismo na criança e a osteomalacia no adulto.

As alterações nos níveis de cálcio levam a algumas patologias que merecem destaque: *osteoporose* e *raquitismo e osteomalacia*.

Osteoporose. Osteoporose é um termo que denota aumento da porosidade do esqueleto resultante de uma redução da massa óssea. As alterações estruturais associadas predispõem o osso a fraturas. O distúrbio pode ser localizado em um determinado osso ou região, como na osteoporose por desuso de um membro, ou atingir todo o esqueleto, como manifestação de uma doença óssea metabólica. A osteoporose generalizada, por sua vez, pode ser primária ou secundária a uma grande variedade de distúrbios.

Raquitismo e osteomalacia. Resultam de desmineralização e subsequente amolecimento dos ossos. O raquitismo ocorre nos ossos de crianças, enquanto a osteomalacia refere-se ao amolecimento dos ossos do adulto. Essas condições são devidas à deficiência de cálcio, fósforo ou vitamina D, ou a falta de luz solar. A vitamina D_3, metabolicamente transformada, facilita a absorção de cálcio e de fosfato do intestino para a corrente sanguínea, tornando-os disponíveis para a formação do osso. Os tipos de raquitismo estão representados na Tabela 22.3.

TABELA 22.3

Tipos de raquitismo.

Raquitismo resistente à vitamina D	Raquitismo por deficiência de vitamina D
Hereditário	Adquirido
Sem astenia muscular	Astenia muscular
Sem tetania hipocalcêmica	Pode ocorrer tetania hipocalcêmica
Fósforo sérico sempre baixo antes do tratamento; depois do tratamento o fósforo se eleva um pouco, mas nunca volta ao normal, mesmo com tratamento prolongado e doses elevadas	O fósforo sérico é baixo ou normal; quando baixo, volta rapidamente ao normal com pequenas doses
O índice de crescimento raramente volta ao normal com o tratamento; o paciente permanece anão	O índice de crescimento normal volta com o tratamento

▸ Curiosidades

O que faz com que o cálcio comece a ser perdido tão cedo?

As razões parecem ser principalmente relativas à dieta. Muitas mulheres tornam-se conscientemente pesadas na metade da segunda década de vida e por isso deixam de consumir alimentos gordurosos, tais como leite e queijo. O corpo requer cerca de 1.000 mg de cálcio por dia.

Velhice: a perda de cálcio dos ossos, que é o maior efeito do envelhecimento no sistema esquelético, é mais grave nas mulheres do que nos homens. Nas mulheres, a quantidade de cálcio fixado nos ossos decresce a partir dos 40 anos de idade, de sorte que por volta dos 70 anos cerca de 28% do cálcio do sistema esquelético já foi perdido. Os homens tendem a ter primeiro níveis mais altos de cálcio nos ossos e geralmente não começam a perder cálcio antes dos 60 anos de idade.

A importância do cálcio durante a gravidez

Os alimentos ricos em cálcio são essenciais para a formação do esqueleto do feto, a saúde da gestante e a produção de leite.

Durante a gravidez, a necessidade de cálcio aumenta. Ou seja, se a quantidade diária recomendada para uma mulher adulta é de 1.000 mg, na gravidez essa quantidade passará a ser de 1.200 mg.

Falta de cálcio: a falta desse mineral pode causar alguns problemas. Se não houver cálcio suficiente, o hormônio paratireóideo começa a retirá-lo dos ossos da gestante para usá-lo na formação do esqueleto do futuro bebê. Neste processo de "roubo" de cálcio até os dentes podem ser prejudicados.

▸ Questões

1. Quais os hormônios responsáveis pela regulação dos níveis de cálcio e fósforo?
2. O que é o processo de remodelação óssea?

Apêndice

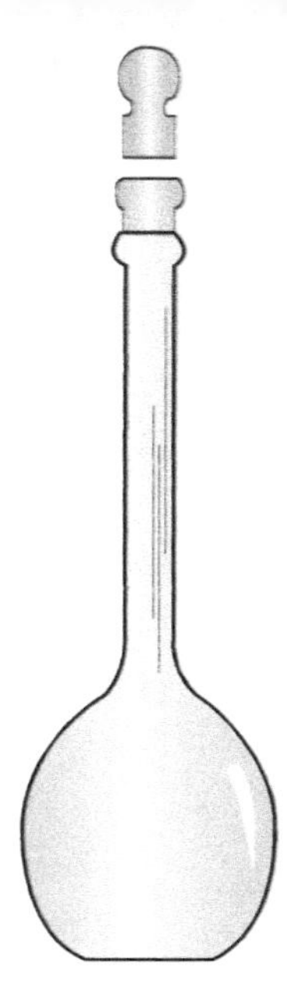

Este apêndice concentra as principais informações relativas ao preparo de materiais e reagentes, bem como registra informações específicas sobre a preparação de soluções que são utilizadas nas atividades práticas propostas neste livro.

Citamos, ao longo deste Apêndice, os nomes de alguns fornecedores. Isto se justifica em razão de determinadas técnicas de preparo pressuporem o uso de *kits* específicos disponibilizados por eles no mercado. Quando isso se fez necessário, procuramos, sempre que possível, indicar mais de um fornecedor para cada protocolo de preparo de soluções.

▸ Conceitos

- **Água destilada.** Água que contém íons de cálcio e magnésio, chamada água dura, é purificada por aquecimento, vaporização e posterior condensação (destilação simples), de modo a eliminar os carbonatos, sulfatos de cálcio e magnésio dissolvidos. Água destilada é uma água mais pura. Ela não é própria para beber, pois não possui os sais minerais necessários para nosso organismo.

- **Água deionizada.** Este termo refere-se ao processo de remoção total dos íons presentes na água, por meio de resinas catiônicas e aniônicas.

- **Concentração.** Indica a massa de soluto contida em um litro de solução e é expressa em g/ℓ.

$$C\ (g/\ell) = \frac{m}{V}$$

Onde:
C = concentração
m = massa
V = volume

- **Molaridade.** Indica a quantidade de substâncias do soluto contida em um litro de solução e é expressa em mol/ℓ.

$$M\ (\text{mol}/\ell) = \frac{n}{V} \quad \text{onde:} \quad n = \frac{m}{\text{mol}}$$

Onde:
M = molaridade
n = número de mols de soluto
V = volume em litros da solução
em que:
m = massa
mol = peso molecular em gramas

- **Densidade.** Indica a massa de solução que existe em uma determinada unidade de volume. Normalmente é expressa em g/mℓ ou g/cm^3.

$$D = \frac{m}{V}$$

Onde:
D = densidade
m = massa
V = volume

- **Normalidade.** Número de equivalentes-grama do soluto contido em 1 ℓ de solução ou miliequivalentes em 1 mℓ. O número de equivalentes é o mol/valência; em que mol = massa/peso molecular.

$$N \times V = \frac{m}{PM}$$

Onde:
N = normalidade
m = massa
V = volume
PM = peso molecular

Nota. Uma solução de 1 N contém 1 equivalente por litro.

▸ Preparo de soluções

A seguir são apresentados os protocolos de preparo das soluções para o desenvolvimento das atividades práticas propostas neste livro na seguinte sequência:

▸ Normas e procedimentos de laboratório e apresentação de materiais

Preparo de solução para pipetagem

Azul de metileno 2%. Pesar 2 g de azul de metileno em uma balança analítica, colocar em um béquer e dissolver o conteúdo em aproximadamente 50 mℓ de H_2O destilada com o auxílio do bastão de vidro. Transferir para um balão volumétrico de 100 mℓ e completar o volume.

▸ Eletroforese de proteínas

Preparo de soluções e materiais para eletroforese de proteínas

Ácido acético 5%. Pesar 5 g de ácido acético em uma balança analítica, colocar em um béquer e dissolver o conteúdo em aproximadamente 50 mℓ de H_2O destilada com o auxílio do bastão de vidro. Transferir para um balão volumétrico de 100 mℓ e completar o volume.

Negro de amido 0,2% em ácido acético a 5%. Pesar 0,2 g de negro de amido em uma balança analítica, colocar em um béquer e dissolver o conteúdo em aproximadamente 50 mℓ de ácido acético 5% (já preparado) com o auxílio do bastão de vidro. Transferir para um balão volumétrico de 100 mℓ e completar o volume com ácido acético a 5%.

Fitas de gel de agarose. Pode ser adquirido pronto de fornecedores.

Tampão Tris pH = 9,5. Adquirir junto com o *kit* de eletroforese.

Soro (amostra do paciente). Coletar 10 mℓ de sangue e centrifugar a 5.000 rpm por aproximadamente 10 min, a fim de conseguir separar o soro do coágulo. Extrair o sobrenadante (soro) com o auxílio de uma pipeta de Pasteur ou micropipeta.

▸ Eletroforese de hemoglobina

Preparo de soluções e materiais para a eletroforese de hemoglobina

Tampão Tris pH 9,5. Pode ser adquirido pronto de fornecedores.

Ácido acético 5%. Pipetar 5 mℓ de ácido acético, transferir para um Erlenmeyer e dissolver o conteúdo em aproximadamente 50 mℓ de H_2O destilada, homogeneizando a solução. Transferir para um balão volumétrico de 100 mℓ e completar o volume.

Negro de amido 0,2% em ácido acético a 5%. Pesar 0,2 g de negro de amido em uma balança analítica, colocar em um béquer e dissolver o conteúdo em aproximadamente 50 mℓ de ácido acético a 5% (já preparado) com o auxílio do bastão de vidro. Transferir para um balão volumétrico de 100 mℓ e completar o volume com ácido acético a 5%.

Fitas de gel de agarose. Pode ser adquirido pronto de fornecedores.

Soro (amostra do paciente). Coletar 10 mℓ de sangue e centrifugar a 5.000 rpm por aproximadamente 10 min, a fim de conseguir separar o soro do coágulo. Extrair o sobrenadante (soro) com o auxílio de uma pipeta de Pasteur ou micropipeta.

▸ Lipoproteinograma

Preparo de soluções para eletroforese de lipoproteínas.

Tampão Tris pH = 9,5. Pode ser adquirido pronto de fornecedores.

Corante fat red. Diluir 0,225 g de corante fat red em 1 ℓ de metanol p.a. (solução estoque).

Solução trabalho – 10 mℓ de solução estoque + 2 mℓ de NaOH 0,1 N.

NaOH 0,1 N – 200 mℓ

$$N \times V = \frac{m}{PM}$$

$$0{,}1 \times 0{,}2 = \frac{m}{40} \qquad 0{,}02 = \frac{m}{40}$$

m = 0,8 g de NaOH em 200 mℓ de água destilada

Pesar 0,8 g de hidróxido de sódio em uma balança analítica, colocar em um béquer e dissolver o conteúdo em aproximadamente 50 mℓ de água destilada com o auxílio do bastão de vidro. Transferir para um balão volumétrico de 200 mℓ e completar o volume com água destilada.

Metanol 70%. Pipetar 70 mℓ de metanol, transferir para um balão volumétrico de 100 mℓ e completar o volume com água destilada. Tampar o balão e misturar por inversão.

Glicerol 2%. Com o auxílio de uma pipeta volumétrica ou graduada, pipetar 2 mℓ de glicerina. Transferir para um balão volumétrico de 100 mℓ e completar o volume com água destilada. Tampar o balão e misturar por inversão.

Nota. Em virtude da viscosidade da glicerina, é aconselhável limpar a parte externa da pipeta com papel absorvente, a fim de remover o excesso, evitando assim a alteração na concentração final do produto.

Fitas de gel de agarose. Pode ser adquirido pronto de fornecedores.

Soro (amostra do paciente). Coletar 10 mℓ de sangue e centrifugar a 5.000 rpm por aproximadamente 10 min, a fim de conseguir separar o soro do coágulo. Extrair o sobrenadante (soro) com o auxílio de uma pipeta de Pasteur ou micropipeta.

▶ Espectrofotometria

Preparo de soluções para espectrofotometria

Permanganato de potássio 0,10 g/ℓ. Pesar 0,10 g de permanganato de potássio ($KMnO_4$) em uma balança analítica. Colocar o $KMnO_4$ em um béquer e dissolver o conteúdo em aproximadamente 500 mℓ de H_2O destilada com o auxílio do bastão de vidro. Transferir para um balão volumétrico de 1.000 mℓ e completar o volume.

Tubo branco. Água destilada (2 mℓ).

▶ Tampões

Preparo de tampões

Tampão acetato

1. Solução de ácido acético 0,2 M (12,01 mℓ de ácido acético em 1.000 mℓ de H_2O destilada).

$$M = \frac{n}{v} \qquad n = \frac{m}{mol}$$

$$0,2 = \frac{\frac{m}{60,05}}{1} \qquad 0,2 \times 1 = \frac{m}{60,05}$$

em que:

m = 12,01 mℓ de ácido acético qsp 1.000 mℓ de H_2O destilada.

2. Solução de acetato de sódio 0,2 M (27,21 g de acetato de sódio $3H_2O$ em 1.000 mℓ de água destilada).

$$M = \frac{n}{v} \qquad n = \frac{m}{mol}$$

$$0,2 = \frac{\frac{m}{136,08}}{1} \qquad 0,2 \times 1 = \frac{m}{136,08}$$

em que:

m = 27,21 g de acetato de sódio qsp 1.000 mℓ de H_2O destilada.

Colocar aproximadamente 48 mℓ de 1 + 45,2 mℓ de 2), homogeneizar, levar ao pHmetro (pH em torno de 5,6) e gotejar NaOH 0,2 N até atingir pH = 7,0. NaOH 0,2 N (4,0 g de NaOH qsp 500 mℓ de água destilada)

$$N \times V = \frac{m}{PM} \qquad 0,2 \times 0,5 = \frac{m}{40}$$

onde: m = 4,0 g de NaOH qsp 500 mℓ de H_2O destilada.

Tampão bicarbonato

1. Solução de carbonato de sódio anidro 0,2 M (21,19 g de carbonato de sódio em 1.000 mℓ de água destilada).

$$M = \frac{n}{v} \qquad n = \frac{m}{mol}$$

$$0,2 = \frac{\frac{m}{105,95}}{1} \qquad 0,2 \times 1 = \frac{m}{105,95}$$

em que:

m = 21,19 g de carbonato de sódio anidro qsp 1.000 mℓ de H_2O destilada.

2. Solução de bicarbonato de sódio 0,2 M (16,8 g de bicarbonato de sódio em 1.000 mℓ de água destilada).

$$M = \frac{n}{v} \qquad n = \frac{m}{mol}$$

$$0,2 = \frac{\frac{m}{84,01}}{1} \qquad 0,2 \times 1 = \frac{m}{84,01}$$

em que:

m =16,8 g de bicarbonato de sódio qsp 1.000 mℓ de H_2O destilada.

Colocar em um béquer aproximadamente 11,3 mℓ de 1 + 88,7 mℓ de 2), homogeneizar, levar ao pHmetro (pH em torno de 9,0) e gotejar HCl 1 N até atingir o pH = 7,0

HCl 1 N (36,46 mℓ de 1 ℓ de água destilada)

$$N \times V = \frac{m}{PM} \qquad 1.0 \times 1.0 = \frac{m}{36,46}$$

em que:

m = 36,46 mℓ HCl qsp 1.000 mℓ de H_2O destilada

▸ Dosagem de proteínas

Preparo de soluções para a dosagem de proteínas

Reagentes fornecidos

- Reagente biureto – contém hidróxido de sódio 600 mmol/ℓ, sulfato de cobre 12 mmol/ℓ, estabilizador e antioxidante. Reagente corrosivo, manusear com cuidado e não pipetar com a boca.
- Padrão 4,0 g/dℓ – contém albumina bovina 4 g/dℓ e azida sódica 14,6 mmol/ℓ. Armazenar bem vedado para evitar evaporação.

Os reagentes devem ser armazenados entre 15 e 30°C. Quando não abertos são estáveis até a data de validade impressa na embalagem. Durante o manuseio, os reagentes estão sujeitos a contaminações de natureza química e microbiana que podem provocar redução da estabilidade.

Amostra

Coletar 10 mℓ de sangue e centrifugar a 5.000 rpm por aproximadamente 10 min, a fim de conseguir separar o soro do coágulo. Extrair o sobrenadante (soro) com o auxílio de uma pipeta de Pasteur ou micropipeta.

▸ Atividade enzimática

Preparo de soluções para a dosagem de atividade enzimática

***Reativos fornecidos em* kits**

- Reativo tampão: tampão fenol/fosfato, pH 7,4, 2 frascos de 250 mℓ
- Enzimas: solução estabilizada de glicose oxidase, peroxidase e 4-aminofenazona – 10 mℓ
- Padrão: solução estabilizada de concentração de glicose de 100 mg/dℓ.

Reativos estáveis até a data de validade indicada na embalagem, se armazenados entre 2 e 8°C.

NaOH 0,5 N – 200 mℓ

$$N \times V = \frac{m}{PM}$$

$$0{,}5 \times 0{,}2 = \frac{m}{40} \qquad 0{,}1 = \frac{m}{40}$$

m = 4 g de NaOH em 200 mℓ de água destilada.

Pesar 4 g de hidróxido de sódio em uma balança analítica, colocar em um béquer e dissolver o conteúdo em aproximadamente 50 mℓ de água destilada com o auxílio do bastão de vidro. Transferir para um balão volumétrico de 200 mℓ e completar o volume com água destilada.

HCl 2N – 200 mℓ

$$N \times V = \frac{m}{PM}$$

$$2 \times 0{,}2 = \frac{m}{36{,}46} \qquad 0{,}4 = \frac{m}{36{,}46} \quad m = 0{,}4 \times 36{,}46$$

m = 14,58 mℓ de HCl em 200 mℓ de água destilada.

Pipetar 14,6 mℓ de ácido clorídrico, transferir para um Erlenmeyer e dissolver o conteúdo em aproximadamente 50 mℓ de água destilada homogeneizando a solução. Transferir para um balão volumétrico de 200 mℓ e completar o volume com água destilada.

▸ Teste de tolerância à glicose

Preparo de amostras simuladas TTG normal

Tempo 0 — Concentração de glicose 90 mg/dℓ

Pesar 90 mg de glicose em uma balança analítica, colocar em um béquer e dissolver o conteúdo em aproximadamente 50 mℓ de H_2O destilada com o auxílio do bastão de vidro. Transferir para um balão volumétrico de 100 mℓ e completar o volume com água destilada.

Tempo 120 — Concentração de glicose 130 mg/dℓ

Pesar 130 mg de glicose em uma balança analítica, colocar em um béquer e dissolver o conteúdo em aproximadamente 50 mℓ de H_2O destilada com o auxílio do bastão de vidro. Transferir para um balão volumétrico de 100 mℓ e completar o volume com água destilada.

Preparo de soro artificial para simulação de TTG diabético

Tempo 0 — Concentração de glicose 110 mg/dℓ

Pesar 110 mg de glicose em uma balança analítica, colocar em um béquer e dissolver o conteúdo em aproximadamente 50 mℓ de H_2O destilada com o auxílio do bastão de vidro. Transferir para um balão volumétrico de 100 mℓ e completar o volume com água destilada.

Tempo 120 — Concentração de glicose 230 mg/dℓ

Pesar 230 mg de glicose em uma balança analítica, colocar em um béquer e dissolver o conteúdo em aproximadamente 50 mℓ de H_2O destilada com o auxílio do bastão de vidro.

Transferir para um balão volumétrico de 100 mℓ e completar o volume com água destilada.

Nota. Pode-se adicionar uma pitada de riboflavina no soro artificial para se obter uma coloração característica (amarelo-claro).

Reativos fornecidos (kit):

- Tampão fenol/fosfato, pH = 7,4
- Enzimas (solução estabilizada de glicose oxidase, peroxidase e 4-aminofenazona)
- Padrão (solução estabilizada de glicose de concentração 100 mg/dℓ).

Preparo do reativo de trabalho

Adicionar 2,0 mℓ do reativo 2 (enzimas) a cada 100 mℓ do reativo 1 (tampão). Transferir para frasco âmbar, rotular e datar.

Após preparação, o reativo de trabalho é estável por 30 dias, se conservado entre 2 e 8°C, e por 7 dias à temperatura ambiente.

Para o preparo de outras quantidades, respeitar a proporção entre reativos.

Preparo de amostra

Soro ou plasma coletado com fluoreto de sódio, livre de hemólise. A amostra deve ser centrifugada o mais breve possível, evitando, assim, a glicólise pelas células sanguíneas. Desta maneira, o plasma permanecerá estável por até 72 h se conservado entre 2 e 8°C.

▸ Dosagem de colesterol

Preparo de soluções para dosagem de colesterol

Reativos fornecidos — kit Doles:

- ▸ Tampão/enzima (tampão enzima em pó)

- Surfactante: solução de Triton X – 100
- Solução padrão 200 mg/dℓ: solução aquosa estabilizada de colesterol.

Preparo do reagente

Em um frasco limpo, cor âmbar, adicionar 65 mℓ de água destilada e todo o pó do frasco tampão/enzima. Agitar levemente por inversão até dissolver o pó e em seguida acrescentar cinco gotas do surfactante. Rotular e datar. O reagente de uso permanece estável por cerca de 45 dias sob refrigeração.

Reativos fornecidos em kits:

- Tampão: Tris e fenol, pH 7,0;
- Enzimas: mistura de colesterol esterase/colesterol oxidase/peroxidase/4-aminofenazona/estabilizantes;
- Padrão: solução aquosa de colesterol 200 mg/dℓ. Misturar por inversão.

Preparo do reativo de trabalho

Dissolver o conteúdo de um frasco de enzima (2) em 50 mℓ do tampão (1). Homogeneizar por inversão suave antes de usar. Evitar a formação de espuma. Rotular e datar. Estável por 30 dias em refrigerador (2 a 8°C).

Preparo da amostra

Soro: coletar 10 mℓ de sangue e centrifugar a 5.000 rpm por aproximadamente 10 min, a fim de conseguir separar o soro do coágulo. Extrair o sobrenadante (soro) com o auxílio de uma pipeta de Pasteur ou micropipeta. O sangue deve ser coletado após jejum de 12 h. O colesterol do soro é estável 1 semana em refrigerador e 2 meses em congelador.

▸ Dosagem de HDL-colesterol

Preparo de soluções para a dosagem de HDL-colesterol

Composição do kit Laborlab

- Calibrador – Pronto para uso. Homogeneizar antes de usar por inversão, evitar a formação de espuma. Após aberto é estável por 30 dias conservado de 2 a 8°C
- Reativo 1 – Pronto para uso. Frasco contém tampão 30 mmol/ℓ pH=7,0, Peroxidase maior que 1200 U/ℓ, 4-aminoantipirina 0,9 mmol/ℓ, anticorpos anti-B-lipoproteína humana. Conservar de 2 a 8°C. Após aberto é estável até 4 semanas de 2 a 8°C
- Reativo 2 – Pronto para uso. Frasco contém tampão 30 mmol/ℓ pH=7,0, Colesterol esterase maior que 2000 U/ℓ, Colesterol oxidase maior que 1500 U/ℓ e FDAOS (N-etil-N-(2-hidroxi-3-sulfopropil)3,5 dimetoxi-4-fluoraniline) 0,8 mol/ℓ. conservar de 2 a 8°C. Após aberto é estável por 4 semanas conservado de 2 a 8°C.

Amostra (soro do paciente)

Coletar 10 mℓ de sangue com heparina ou EDTA e centrifugar a 5.000 rpm por aproximadamente 10 min, a fim de conseguir separar o soro do coágulo. Extrair o sobrenadante (soro) com o auxílio de uma pipeta de Pasteur ou micropipeta.

As amostras podem ser guardadas refrigeradas de 2 a 8°C por 7 dias ou congeladas a 20°C por 30 dias. Se os triglicerídeos da amostra ultrapassarem os 1.200 mg/ℓ, diluir com solução salina (1 parte da amostra + 2 partes de salina) e multiplicar por 3 o resultado obtido.

▶ Dosagem de triglicerídeos

Preparo de soluções para a dosagem de triglicerídeos

Composição do kit Laborlab

- Reativo padrão: frasco contém 4 mℓ de solução de glicerol 2,26 mmol/ℓ (equivale a 200 mg/dℓ de triglicerídeos)
- Reativo enzimático: frasco contém 30 mℓ de lipase, GK, GPO, POD, ATP, 4AF, 3 a 5 HDCBS
- Reativo tampão: fraco contém 90 mℓ de tampão Tris, pH 7,6 a 50 mmol/ℓ.

Preparação do reativo de trabalho

Dissolver lentamente o conteúdo de um frasco do reativo enzimático com 30 mℓ do reativo tampão (medir em proveta). Misturar por inversão suave até a dissolução completa evitando a formação de espuma. Não congelar. Após o preparo, é estável por 10 dias refrigerado. Marcar no rótulo do frasco a data da preparação. Manter o frasco fora do refrigerador e ao abrigo da luz direta somente o tempo necessário para efetuar a reação, evitando sua deterioração. Desprezar este reativo quando a leitura do tubo branco for superior a 0,200 A, ou quando a leitura do tubo padrão for baixa.

Amostra

Com jejum de 12 a 14 h, soro obtido de maneira usual.

Coletar 10 mℓ de sangue e centrifugar a 5.000 rpm por aproximadamente 10 min, a fim de conseguir separar o soro do coágulo. Extrair o sobrenadante (soro) com o auxílio de uma pipeta de Pasteur ou micropipeta.

▶ Dosagem de transaminases

Preparo de soluções para a dosagem de transaminases

Reativos fornecidos — kit Laborlab

- Reativo padrão: frasco contém 4 mℓ de Piruvato de sódio 2 mmol/ℓ
- Reativo substrato GOT: frasco contém 50 mℓ: L-aspartato 100 mmol/ℓ, alfa ceto glutarato 2 mmol, fosfatos 100 mmol em pH 7,4
- Reativo substrato GPT: frasco contém 50 mℓ: L-alanina 200 mmol, alfa ceto glutarato 2 mmol, fosfatos 100 mmol em pH 7,4
- Reativo 2,4 DNFH: frasco contém 100 mℓ de 2,4 dinitrofenil hidrazina 1 mmol/ℓ
- Reativo de NaOH: frasco contém NaOH 0,4 mol/ℓ – Volume final de 100 mℓ.

Preparação de NaOH 0,4 mol/ℓ

Diluir o conteúdo do frasco de reativo de NaOH em 1 ℓ de água destilada.

Amostra

Coletar 10 mℓ de sangue e centrifugar a 5.000 rpm por aproximadamente 10 min, a fim de conseguir separar o soro do coágulo. Extrair o sobrenadante (soro) com o auxílio de uma pipeta de Pasteur ou micropipeta.

▸ Dosagem de ureia

- Preparo de soluções para dosagem de ureia: reativos fornecidos *kit* Doles:
- Urease: cada frasco contém um mínimo de 6.000 UI de urease e estabilizantes em solução de glicerol 0,5 M
- Reagente 1: mistura de salicilato de sódio 60 mmol, nitroprussiato de sódio 3,4 mmol e EDTA dissódico 1,35 mmol, sob forma de pó
- Reagente 2: contém hipoclorito de sódio 0,120 mol/ℓ e hidróxido de sódio 3,75 mol/ℓ
- Solução padrão 80 mg/dℓ: solução de ureia 80 mg/dℓ.

Preparo do reagente de trabalho

Reagente 1: transferir o conteúdo do frasco para um balão volumétrico de 500 mℓ e completar o volume com água destilada ou deionizada. Armazenar em frasco de vidro âmbar, ao abrigo da luz, à temperatura de 2 a 8°C. Estável por 2 anos após reconstituição.

Reagente 2: transferir o conteúdo do frasco para um balão volumétrico de 500 mℓ e completar o volume com água destilada ou deionizada. Armazenar em frasco plástico ao abrigo da luz, refrigerado (2 a 8°C). Estável por 2 anos após reconstituição.

Reativos fornecidos em kits

- Reativo 1 (concentrado): frasco que contém 100 mℓ de tampão fosfato 0,1 M; salicilato 0,3 M; nitroprussiato de sódio 17 mM e EDTA mM
- Reativo 2 (concentrado): frasco que contém 17 mℓ de hipoclorito de sódio 0,32 N em NaOH 4,0 M
- Reativo 3 — enzima: frasco que contém 20 mℓ de solução de urease em tampão fosfato
- Reativo-padrão: frasco que contém 5 mℓ de solução aquosa de ureia 60 mg/dℓ (10 mmol/ℓ).

Preparo dos reativos

Reativo 1: transferir o conteúdo do reativo 1 para um balão volumétrico com capacidade para 500 mℓ. Completar o volume para 500 mℓ com água destilada. Transferir para um frasco de vidro âmbar, rotular e datar. Estável 18 meses quando conservado entre 2 e 8°C.

Reativo 1A*: misturar cinco partes do reativo 1 com 0,2 parte do reativo 3. De acordo com o volume de trabalho, preparar o reativo seguindo a tabela:

Reativo 1 (mℓ)	Reativo 3 (mℓ)
12,5	0,5
25,0	1,0
50,0	2,0
125,0	5,0
250,0	10,0
500,0	20,0

*O reativo 1A é estável por até 15 dias entre 2 e 8°C.

Reativo 2: transferir o conteúdo do frasco 2 (reativo 2) para um balão volumétrico com capacidade para 500 mℓ. Completar o volume para 500 mℓ com água destilada. Transferir para frasco plástico, rotular e datar. Estável por 18 meses quando conservado entre 2 e 8°C.

▸ Teste de coagulação sanguínea

Preparo de soluções para teste de coagulação sanguínea

EDTA a 10%

Em uma balança analítica, pesar 10 g de EDTA. Colocar o EDTA em um béquer e dissolver o conteúdo em aproximadamente 50 mℓ de H_2O destilada com o auxílio do bastão de vidro. Transferir para um balão volumétrico de 100 mℓ e completar o volume.

Soro

Coletar 10 mℓ de sangue, sem anticoagulante, e centrifugar por 10 min a 5.000 rpm. Extrair o sobrenadante (soro) com auxílio de uma micropipeta ou pipeta de Pasteur.

Plasma

Coletar 10 mℓ de sangue com duas gotas EDTA e centrifugar por 10 min a 2.000 rpm. Extrair o sobrenadante (plasma) com auxílio de uma micropipeta ou pipeta de Pasteur.

Cloreto de cálcio 0,02 M

Cloreto de cálcio diidratado (PM: 147,01): 1,47 g de cloreto de cálcio qsp 500 mℓ de H_2O destilada.

$$M = \frac{n}{v} \qquad n = \frac{m}{mol}$$

$$00{,}2 = \frac{\frac{m}{147{,}01}}{0{,}5} \qquad 0{,}02 \times 0{,}5 = \frac{m}{147{,}01}$$

em que:

m = 1,47 g de cloreto de cálcio qsp 500 mℓ de H_2O destilada.

▸ Bioquímica e biofísica da função renal

Materiais e considerações para desenvolvimento do prático: a densidade urinária pode ser obtida com o uso do urodensímetro ou tiras reativas.

Urodensímetro

Exige grande volume de amostra (15 a 20 mℓ) e deve ser utilizado em um recipiente grande para permitir a flutuação sem tocar nas laterais; e o volume da urina deve ser suficiente para evitar que o urodensímetro encoste no fundo. A leitura da régua é feita no menisco inferior da urina.

Valores de referência de densidade:

- Recém-nascido: 1,012
- Lactante: 1,002 a 1,006
- Adulto: 1,002 a 1,035 (1,015 a 1,025)

Correção da temperatura

Os urodensímetros são calibrados para a leitura de 1.000 em água destilada em determinada temperatura que vem impressa no aparelho, geralmente 20°C. Quando a amostra estiver fria determina-se sua temperatura e subtrai-se 0,001 da leitura para cada 3°C abaixo da temperatura de calibração do urodensímetro. Somar 0,001 à leitura para cada 3°C acima da temperatura de calibração.

Exemplo: temperatura da amostra: 14°C

- Densidade obtida da amostra: 1,020
- Qual a densidade correta?

Nota: 20°C = temperatura de calibração.

Resposta:

20 × °C – 14°C = 6°C
6 × °C ÷ 3°C = 2 × 0,001 = 0,002
1,020 a 0,002 = 1,018

Se encontrarmos glicose e proteína na urina, há necessidade também de se fazer a correção da densidade, pois a glicose e a proteína aumentam a densidade da urina por serem substâncias de alto peso molecular e não terem relação com a capacidade de concentração renal. Para cada grama de proteína presente, deve-se subtrair 0,003 da leitura da densidade e para cada grama de glicose deve-se subtrair 0,004.

Tiras reativas

É um teste rápido de pesquisa de urobilinogênio, glicose, bilirrubina, cetonas, densidade, sangue, pH, proteínas, nitrito e leucócitos em uma triagem rápida de urina. As tiras devem ser utilizadas somente para diagnóstico *in vitro* e os resultados serão fornecidos comparando-se as áreas reagentes com a escala de cores correspondente, existente no rótulo do frasco. É um teste descartável para a detecção de diabetes, anormalidades metabólicas, enfermidades do fígado, obstruções biliares e hepáticas, enfermidades hemolíticas e da região dos rins e do trato urinário.

▸ Dosagem de ácido úrico

Preparo de soluções para dosagem de ácido úrico:

Reativos fornecidos – kit Labtest

- Reativo-padrão: solução de ácido úrico 10 mg/dℓ
- Reativo enzimático: solução de uricase ≥ 3 U/mℓ
- Reativo de cor (1): 4 aminofenazona = 3 mmol/ℓ, peroxidase ≥ 100 U
- Reativo de cor (2): fenol = 24 mmol/ℓ.

Preparo do reativo de cor

Proceder à reconstituição do reativo de cor (1).

Reativo de cor (1). Reconstituição: agregar 25 mℓ de água deionizada, misturar até a dissolução completa, sem agitar. Rotular e datar. Estável por 10 meses se refrigerado após reconstituição. O reativo refrigerado pode cristalizar-se. Neste caso, colocá-lo em banho-maria a 37°C por 2 min para redissolvê-lo. Os outros reativos já vêm prontos para uso.

Preparo de reativo de trabalho

É preciso seguir a tabela quanto ao número de provas a preparar.

Número de provas	Reativo de cor (1)	H_2O deionizada	Reativo de cor (2)	Reativo enzimático
50	5 mℓ	40 mℓ	5 mℓ	0,4 mℓ
100	10 mℓ	80 mℓ	10 mℓ	0,8 mℓ
250	25 mℓ	200 mℓ	25 mℓ	2,0 mℓ

Depois, rotule e date. O reativo de trabalho é estável por 15 dias refrigerado e acondicionado em frasco âmbar.

Preparo da amostra

O soro é obtido de maneira usual. É importante separar dentro das próximas 2 h de coleta. Soros ictéricos ou com hemólise visível produzem valores falsamente aumentados. Podem ser utilizados também urina e líquidos amniótico e sinovial.

Reativos fornecidos — kit Labtest

Reagente 1: tampão, 4-aminoantipirina, peroxidase, azida sódica e octilfenolpolioxietanol.

Reagente 2: tampão, DHBS (3,5-dicloro-2-hidroxibenzeno sulfonato), uricase, octilfenolpolioxietanol e azida sódica.

Reagente-padrão: ácido úrico.

Preparo do reagente de trabalho

Misturar o reagente 1 com o reagente 2, transferindo o conteúdo do frasco do reagente 2 para o frasco do reagente 1 e homogeneizar suavemente. Rotular e datar. Estável por 5 dias entre 15 e 25°C e 90 dias entre 2 e 8°C. Para preservar seu desempenho, o reagente deve permanecer fora da geladeira somente o tempo necessário para se obter o volume a ser utilizado. Evitar exposição à luz diretamente.

▸ Dosagem de bilirrubina

- Preparo de soluções para dosagem de bilirrubina
- Reativos fornecidos:
- Reativo-padrão: bilirrubina
- Reativo revelador: benzoato de cafeína
- Reativo sulfanílico: ácido sulfanílico em ácido clorídrico
- Nitrito de sódio: solução estabilizada de nitrito de sódio.

Preparo dos reativos

Padrão: adicionar 5,0 mℓ de água destilada ao frasco de reativo-padrão e fechar. Agitar várias vezes por um tempo mínimo de 30 min até a completa dissolução da bilirrubina. Estável por até 6 h à temperatura ambiente e protegido da luz, após reconstituição.

Diazo-reativo: adicionar 1 gota (50 μℓ) de nitrito para cada 1,5 mℓ de reativo sulfanílico. Estável por até 6 h após o preparo. Preparar no momento do uso.

Amostra: soro fresco livre de hemólise. Proteger a amostra da luz envolvendo-a em um papel preto ou laminado. Bilirrubina do soro é estável por até 48 h quando refrigerada e protegida da luz.

▸ Diálise

Preparo de soluções para verificar a permeabilidade de uma membrana ou as propriedades de uma membrana de diálise.

Solução de albumina a 1%

Pesar 1 g de albumina em uma balança analítica, colocar em um béquer e dissolver o conteúdo em aproximadamente 50 mℓ de H_2O destilada com o auxílio do bastão de vidro. Transferir para um balão volumétrico de 100 mℓ e completar o volume.

Solução de glicose a 10%

Pesar 10 g de glicose em uma balança analítica, colocar em um béquer e dissolver o conteúdo em aproximadamente 50 mℓ de H_2O destilada com o auxílio do bastão de vidro. Transferir para um balão volumétrico de 100 mℓ e completar o volume.

▸ Cromatografia

Preparo de soluções para a dosagem de cromatografia

Solvente: *butanol:ácido acético:água (4:1:5, v/v/v)*

Butanol	40 mℓ
Ácido acético	10 mℓ
Água destilada	50 mℓ

Revelador: *solução butonólica de ninhidrina – ninhidrina a 0,2% em butanol a 95%*

0,2 g de ninhidrina em 100 mℓ de butanol a 95%.

Pesar 0,2 g de ninhidrina em uma balança analítica, colocar em um béquer e dissolver o conteúdo em aproximadamente 50 mℓ de butanol 95% com o auxílio do bastão de vidro. Transferir para um balão volumétrico de 100 mℓ e completar o volume com o butanol 95%.

Butanol 95%

Pipetar 95 mℓ de butanol, transferir para um balão volumétrico de 100 mℓ e completar o volume com água destilada.

Aminoácidos

Amostras: aminoácidos a 0,25% em água ou isopropanol.

Aminoácidos: fenilalanina, glicina, alanina a 0,25% em água ou isopropanol

— ***Fenilalanina a 0,25%***

Pesar 0,25 g de fenilalanina em uma balança analítica, colocar em um béquer e dissolver o conteúdo em aproximadamente 50 mℓ de água destilada ou isopropanol com o auxílio do bastão de vidro. Transferir para um balão volumétrico de 100 mℓ e completar o volume

— ***Glicina a 0,25%***

Pesar 0,25 g de glicina em uma balança analítica, colocar em um béquer e dissolver o conteúdo em aproximadamente 50 mℓ de água destilada ou isopropanol com o auxílio do bastão de vidro. Transferir para um balão volumétrico de 100 mℓ e completar o volume

— ***Alanina a 0,25%***

Pesar 0,25 g de alanina em uma balança analítica, colocar em um béquer e dissolver o conteúdo em aproximadamente 50 mℓ de água destilada ou isopropanol com o auxílio do bastão de vidro. Transferir para um balão volumétrico de 100 mℓ e completar o volume.

Solução padrão: *mistura de aminoácidos: (1:1:1, v/v/v)*

Fenilananina 25%	10 mℓ
Glicina 25%	10 mℓ
Alanina 25%	10 mℓ

▶ Cadeia de transporte de elétrons

Preparo de soluções para estudar o funcionamento da cadeia respiratória

Solução de succinato de sódio a 5%

Pesar 5 g de succinato de sódio em uma balança analítica, colocar em um béquer e dissolver o conteúdo em aproximadamente 50 mℓ de água destilada com o auxílio do bastão de vidro. Transferir para um balão volumétrico de 100 mℓ completar o volume.

Azul de metileno a 0,03%

Pesar 0,03g de azul de metileno em uma balança analítica, colocar em um Becker e dissolver o conteúdo em aproximadamente 50 mℓ de água destilada com o auxílio de um bastão de vidro. Transferir para um balão volumétrico de 100 mℓ e completar o volume com água destilada.

TTC a 0,34%

Pesar 0,34g de TTC em uma balança analítica, colocar em um béquer e dissolver o conteúdo em aproximadamente 50 mℓ de água destilada com o auxílio do bastão de vidro. Transferir para um balão volumétrico de 100 mℓ e completar o volume.

Solução de citrato de sódio a 0,5 M

$$M = \frac{n}{v} \qquad 0{,}5 = \frac{\frac{m}{294{,}1}}{0{,}1\ \ell} \qquad 0{,}5 \times 0{,}1 = \frac{m}{294{,}1}$$

M = 14,7 g de citrato de sódio qsp 100 mℓ de água destilada

Pesar 14,7 de citrato de sódio em uma balança analítica, colocar em um béquer e dissolver o conteúdo em aproximadamente 50 mℓ de água destilada com o auxílio do bastão de vidro. Transferir para um balão volumétrico de 100 mℓ e completar o volume.

Arginina a 0,1 M

$$M = \frac{n}{v} \qquad 0{,}1 = \frac{\frac{m}{210{,}66}}{0{,}1\ \ell} \qquad 0{,}1 \times 0{,}1 = \frac{m}{210{,}66}$$

m = 2,10 g de arginina qsp 100 mℓ de água destilada.

Pesar 2,1 g de arginina em uma balança analítica, colocar em um béquer e dissolver o conteúdo em aproximadamente 50 mℓ de água destilada com o auxílio do bastão de vidro. Transferir para um balão volumétrico de 100 mℓ e completar o volume.

Solução de mitocôndrias

Obter um fígado de rato e cortá-lo em pequenos pedaços. Colocar o fígado cortado em um graal e adicionar 25 mℓ de sacarose. (O Graal deve estar gelado, colocá-lo dentro de uma caixa de isopor com gelo). Adicionar areia filtrada e lavada e triturar até ficar uma solução de cor avermelhada. Filtrar em um funil pequeno com auxílio de uma gaze. Repetir o processo até obter 50 mℓ de solução. Manter a solução em recipiente com gelo.

Tampão fosfato a 0,2M (pH 7,4)

Fosfato de sódio monobásico (NaH_2PO_4)	5,2 g
Fosfato de sódio dibásico (Na_2HPO_4)	23 g
H_20 destilada qsp	1.000 mℓ

Pesar 5,2 g de fosfato de sódio monobásico e 23 g de fosfato de sódio dibásico, colocar em um béquer e dissolver o conteúdo em aproximadamente 100 mℓ de água destilada com o auxílio do bastão de vidro. Transferir para um balão volumétrico de 1.000 mℓ e completar o volume. Verificar o pH, adicionar HCl 1N até chegar ao pH 7,4.

HCl 1N – 100 mℓ

$$N \times V = \frac{m}{PM}$$

$$1 \times 0{,}1 = \frac{m}{36{,}46} \qquad 0{,}1 = \frac{m}{36{,}46} \qquad m = 0{,}1 \times 36{,}46$$

m = 3,64 g de HCl em 100 mℓ de água destilada.

Pipetar 3,6 mℓ de ácido clorídrico, transferir para um Erlenmeyer e dissolver o conteúdo em aproximadamente 50 mℓ de água destilada homogeneizando a solução. Transferir para um balão volumétrico de 100 mℓ e completar o volume com água destilada.

Malonato de sódio a 5%

Pesar 5 g de malonato de sódio em uma balança analítica, colocar em um béquer e dissolver o conteúdo em aproximadamente 50 mℓ de água destilada com o auxílio do bastão de vidro. Transferir para um balão volumétrico de 100 mℓ e completar o volume.

Citrato de sódio a 0,5 M

$$M = \frac{n}{V} \qquad 0{,}5 = \frac{\frac{m}{294{,}1}}{0{,}1\ l}$$

$$0{,}5 \times 0{,}1 = \frac{\frac{m}{294{,}1}}{0{,}1\ \ell} \qquad 0{,}05 = \frac{m}{294{,}1}$$

m = 14,70 g de citrato em 100 mℓ de H_2O destilada.

Pesar 14,70 de citrato de sódio em uma balança analítica, colocar em um béquer e dissolver o conteúdo em aproximadamente 50 mℓ de água destilada com o auxílio do bastão de vidro. Transferir para um balão volumétrico de 100 mℓ e completar o volume.

▸ Dosagem do cálcio e fósforo

Preparo de soluções para a dosagem de cálcio e fósforo

Composição do kit de cálcio (Laborlab)

- Reativo padrão
- Solução estabilizada de cálcio 10 mg/dℓ, volume = 4 mℓ
- Reativo CFX
- Solução estabilizada de o-cresolftaleína
- Complexona 3,7 mmol/ℓ = 3,5 mℓ
- Reativo tampão
- Solução de AMP 0,2 mmol/ℓ, pH = 11, volume = 250 mℓ

Os reativos já vêm prontos para uso.

O *kit* é estável até a data de vencimento impresso na caixa, quando à temperatura ambiente.

Amostra

Soro ou urina, não usar plasma, pois os anticoagulantes complexam o cálcio dando resultados errôneos.

A determinação na urina requer uma dieta prévia de pelo menos 3 dias livre de cálcio (eliminar leite e seus derivados).

A amostra se mantém por 1 semana refrigerada.

Amostra (soro)

Coletar 10 mℓ de sangue e centrifugar a 5.000 rpm por aproximadamente 10 min, a fim de conseguir separar o soro do coágulo. Extrair o sobrenadante (soro) com o auxílio de uma pipeta de Pasteur ou micropipeta.

Composição do kit de fósforo (Labtest)

- Reativo padrão: solução estabilizada de fosfatos, equivalente a 5 mg/dℓ. Armazenar entre 15 e 25°C. Após manuseio sugere-se armazenar bem vedado, entre 2 a 8°C.
- Reativo molibdato: Solução de molibdato de amônio 41 mmol/ℓ em ácido sulfúrico 900 mmol/ℓ. Armazenar entre 15 a 25°C.
- Tampão: Contêm carbonato de sódio 50mmol/ℓ e hidróxido de sódio 10mol/ℓ. Armazenar entre 15 a 25°C.
- Catalisador: contêm polivinilpirrolidona e cloridrato de hidroxilamina 2,88 mol/ℓ. Armazenar entre 15 a 25°C.

Amostra

Pode ser utilizado soro ou plasma livre de hemólise.

Amostra (soro)

Coletar 10 mℓ de sangue e centrifugar a 5.000 rpm por aproximadamente 10 min, a fim de conseguir separar o soro do coágulo. Extrair o sobrenadante (soro) com o auxílio de uma pipeta de Pasteur ou micropipeta.

Referências

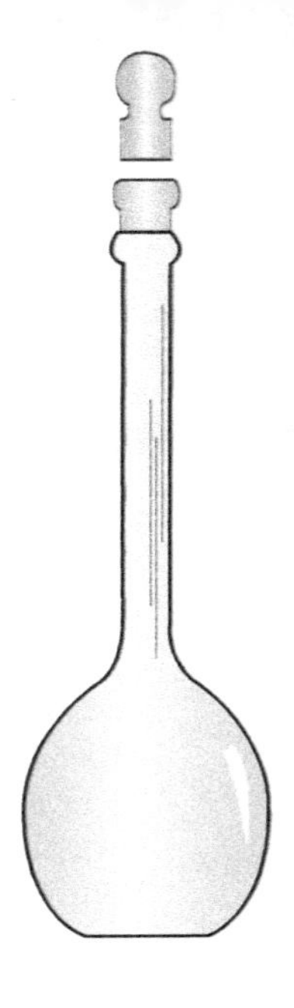

▶ Capítulo 1 – Instrumentação para Uso do Laboratório em Atividades de Bioquímica e Biofísica

BURTIS, C.A.; ASHWOOD, E.R. *Tietz: Fundamentos de Química Clínica*. 6ª ed. Rio de Janeiro: Guanabara Koogan, 2008.

CISTERNAS, J.R.; VARGA, J.; MONTE, O. *Fundamentos de bioquímica experimental*. 2ª ed. São Paulo: Atheneu, 1999.

Conselho Nacional de Meio Ambiente. Resolução Conama nº 358 de 29 de abril de 2005. Dispõe sobre o tratamento e a disposição final dos resíduos dos serviços de saúde e dá outras providências. Relator: Marina Silva. *Diário Oficial da União*, Brasília, 4 de Maio de 2005. sec. 1, p. 63-5.

HENRY, J.B. *Diagnósticos clínicos e tratamento por métodos laboratoriais*. 21ª ed. São Paulo: Manole, 2012.

NARDY COMPRI, M.B.; STELLA, M.B.; OLIVEIRA, C. **Práticas de Bioquímica e Biofísica – uma visão integrada**. Rio de Janeiro: Guanabara Koogan, 2013.

▶ Capítulo 2 – Eletroforese de proteínas

Doles Reagentes e Equipamentos para laboratórios Ltda. <www.doles.com.br>

HENEINE, F.I. *Biofísica básica*. São Paulo: Atheneu, 2008.

HENRY, J.B. *Diagnósticos clínicos e tratamento por métodos laboratoriais*. 21ª ed. São Paulo: Manole, 2012.

KOOLMAN, J.; ROHM, K.H. *Bioquímica: texto e atlas*. 4ª ed. São Paulo: Artmed, 2013.

LIMA, A.O.; SOARES, B.J.; GICA, J.B.; GALIZZI, J.; CANÇADO, R.J. *Métodos de laboratório aplicados à clínica – técnica e interpretação*. 8ª ed. Rio de Janeiro: Guanabara Koogan, 2001.

NARDY COMPRI, M.B.; STELLA, M.B.; OLIVEIRA, C. **Práticas de Bioquímica e Biofísica – uma visão integrada**. Rio de Janeiro: Guanabara Koogan, 2013.

RAVEL, R. *Laboratório clínico: aplicações clínicas dos dados laboratoriais*. 6ª ed. Rio de Janeiro: Guanabara Koogan, 1997.

▶ Capítulo 3 – Eletroforese de hemoglobinas

Doles Reagentes e Equipamentos para laboratórios Ltda. <www.doles.com.br>

COMPRI, M.B.; POLIMENO, N.C.; STELLA, M.B.; RAMALHO, A.S. Programa Comunitário de Saúde Pública em hemoglobinopatias hereditárias: Abordagem populacional a partir dos estudantes de Bragança Paulista – S.P. *Rev. de Saúde Pública*, 1995.

HUISMAN, T.H.J. The beta delta-thalassemia repository. *Hemoglobin*, 16: 237-58, 1992.

MARTINS, C.S.B. – *Caracterização molecular de heterozigotos da talassemia beta*. Tese de Doutoramento, Universidade Estadual de Campinas, 1993.

NAOUN, P.C. *Diagnóstico Laboratorial das Hemoglobinopatias e Talassemias* em http://www.hemoglobinopatias.com.br/dialab/dialab-index.htm.

NAOUM, P.C. *Eletroforese. Técnicas e Diagnósticos*. 2ª ed. São Paulo, Editora Santos, 1999.

RAMALHO, A.S. *As hemoglobinopatias hereditárias. Um problema de Saúde Pública no Brasil.* Ribeirão Preto: Editora da Revista Brasileira de Genética, 1986.

RAVEL, R. *Laboratório clínico - aplicações clínicas dos dados laboratoriais.* 6ª ed. Rio de Janeiro: Guanabara Koogan, 1997.

▶ Capítulo 4 – Lipoproteinograma

Atualização da Diretriz Brasileira de Dislipidemias e Prevenção da Aterosclerose – 2017. Arq. Bras. Cardiol. v. 109, nº 2, supl. 1. São Paulo, 2017.

BURTIS, C.A.; ASHWOOD, E.R.; BUNS, D.E. *Tietz – Fundamentos de Química Clínica.* 6ª ed. Rio de Janeiro: Elsevier, 2008.

Celm – Cia. Equipadora de Laboratórios Modernos. *Manual de Técnicas de Laboratório.* São Paulo: Celm, 2004.

Celm – Cia. Equipadora de Laboratórios Modernos. *Eletroforese em Agarose Geral.* São Paulo: Celm, 1999.

HENEINE, F.I. *Biofísica Básica.* São Paulo: Ed. Atheneu, 2008.

HENRY, J.B. *Diagnósticos clínicos e tratamento por métodos laboratoriais.* 21ª ed. São Paulo: Manole, 2012.

LIMA, O.A.; SOARES, B.J.; GICA, J.B.; GALIZZI, J. e CANÇADO, R.J. *Métodos de laboratório aplicados à clínica interpretação.* 8ª ed. Rio de Janeiro: Ed. Guanabara Koogan, 2001.

NAOUM, P.C. *Eletroforese – Técnicas e Diagnósticos.* 2ª ed. São Paulo: Livraria Santos Editora, 1999.

▶ Capítulo 5 – Espectrofotometria

BURTIS, C.A.; ASHWOOD, E.R. *Tietz: Fundamentos de Química Clínica.* 6ª ed. Rio de Janeiro: Guanabara Koogan, 2008.

DURÁN, J.E.R. *Biofísica: fundamentos e aplicações.* São Paulo: Pearson Education, 2003.

HENEINE, I.F. *Biofísica básica.* São Paulo: Atheneu, 2008.

MOTTA, V.T. *Bioquímica clínica: princípios e interpretações.* 3ª ed. Porto Alegre: Editora Médica Missau, 2009.

NARDY COMPRI, M.B.; STELLA, M.B.; OLIVEIRA, C. **Práticas de Bioquímica e Biofísica – uma visão integrada**. Rio de Janeiro: Guanabara Koogan, 2013.

▶ Capítulo 6 – Tampões

CHAMPE, P.G.; HARVEY, R.A. *Bioquímica ilustrada.* 3ª ed. Porto Alegre: Artes Médicas, 2011.

DEVLIN, T.M. *Manual de Bioquímica com Correlações Clínicas.* 6ª ed. São Paulo: Edgard Blücher, 2011.

DURÁN, J.E.R. *Biofísica: fundamentos e aplicações.* São Paulo: Pearson Education, 2003.

HENEINE, I.F. *Biofísica básica.* São Paulo: Atheneu, 2008.

MARZZOCO, A.; TORRES, B.B. *Bioquímica básica.* 4ª ed. Rio de Janeiro: Guanabara Koogan, 2015.

NARDY COMPRI, M.B.; STELLA, M.B.; OLIVEIRA, C. **Práticas de Bioquímica e Biofísica – uma visão integrada**. Rio de Janeiro: Guanabara Koogan, 2013.

SEGEL, I.H. *Bioquímica: teoria e problemas.* Rio de Janeiro: Livros Técnicos e Científicos, 1979, p. 112.

▶ Capítulo 7 – Dosagem de proteínas totais

LEHNINGER, A.L. *Princípios de Bioquímica.* 6ª ed. São Paulo: Sarvier, 2014.

SACKHEIM, G.I.; LEHMAN, D.D. *Química e Bioquímica para Ciências Biomédicas.* 8ª ed. São Paulo: Manole, 2008.

FISCHBACH, F. *Manual de Enfermagem – Exames Laboratoriais e Diagnósticos.* 7ª ed. Rio de Janeiro: Guanabara Koogan, 2005.

HENRY, J.B. *Diagnósticos Clínicos e Tratamento por Métodos Laboratoriais.* 21ª ed. São Paulo: Manole, 2012.

▶ Capítulo 8 – Atividade enzimática

BIANCONI, M.L. Em enzimas@bioqmed.ufrj.br, 2006.

Doles Reagentes e Equipamentos para Laboratórios Ltda. Em www.doles.com.br.

JUNIOR, A.F.; PEREIRA, E.B. *Enzimas e suas Aplicações. Cinética Enzimática.* Florianópolis: Gráfica PaperPrint, 2001.

PELLEY, J.W. *Bioquímica.* Rio de Janeiro: Ed. Elsevier, 2007.

PRATT, C.W. *Bioquímica Essencial.* 4ª ed. Rio de Janeiro: Guanabara Koogan, 2014.

Sites:

http://www.worthington-biochem.com/introBiochem/effectspH.html

http://www.lsbu.ac.uk/biology/enztech/temperature.html

http://www.suino.com.br/nutricao

http://www.aboissa.com.br/azeitedeoliva/enzima.htm

http://www.deb.uminho.pt/imprensa/curtumes.htm
http://www.mylner.com.br/enzimas.htm

▶Capítulo 9 – Teste de tolerância à glicose

Doles Reagentes e Equipamentos para Laboratórios Ltda. <www.doles.com.br>
FISCHBACH, F. *Manual de Enfermagem — Exames Laboratoriais e Diagnósticos.* 8ª ed. Rio de Janeiro: Guanabara Koogan, 2013.
KAMOUN, P.; LAVOINNE, A.; DE VERNEUIL, H. *Bioquímica e biologia molecular.* Rio de Janeiro: Guanabara Koogan, 2006.
NARDY COMPRI, M.B.; STELLA, M.B.; OLIVEIRA, C. **Práticas de Bioquímica e Biofísica – uma visão integrada**. Rio de Janeiro: Guanabara Koogan, 2013.
PRATT, C.W.; CORNELY, K. *Bioquímica essencial.* 4ª ed. Rio de Janeiro: Guanabara Koogan, 2014.

▶Capítulo 10 – Dosagem de colesterol

Atualização da Diretriz Brasileira de Dislipidemias e Prevenção da Aterosclerose – 2017. Arq. Bras. Cardiol. v. 109, nº 2, supl. 1. São Paulo, 2017.
BAYNES, J.; DOMINICZAK, M.H. *Bioquímica médica.* 4ª ed. São Paulo: Manole, 2015.
Doles Reagentes e Equipamentos para Laboratórios Ltda. <www.doles.com.br>
FISCHBACH, F. *Manual de Enfermagem — Exames Laboratoriais e Diagnósticos.* 8ª ed. Rio de Janeiro: Guanabara Koogan, 2013.
KAMOUN, P.; LAVOINNE, A.; DE VERNEUIL, H. *Bioquímica e biologia molecular.* Rio de Janeiro: Guanabara Koogan, 2006.
NARDY COMPRI, M.B.; STELLA, M.B.; OLIVEIRA, C. **Práticas de Bioquímica e Biofísica – uma visão integrada**. Rio de Janeiro: Guanabara Koogan, 2013.
PRATT, C.W.; CORNELY, K. *Bioquímica essencial.* 4ª ed. Rio de Janeiro: Guanabara Koogan, 2014.

▶Capítulo 11 – Dosagem de HDL-colesterol

Doles Reagentes e Equipamentos para Laboratórios Ltda. <www.doles.com.br>
IV Diretriz Brasileira sobre Dislipidemias e Prevenção da Aterosclerose. Departamento de Aterosclerose da Sociedade Brasileira de Cardiologia. *Arquivos Brasileiros de Cardiologia* – Vol. 88, Suppl. I, abril 2007.
BURTIS, C.A.; ASHWOOD, E.R.; BUNS, D.E. *Tietz – Fundamentos de Química Clínica.* 6ª ed. Rio de Janeiro: Elsevier, 2008.

▶Capítulo 12 – Dosagem de triglicerídeos

Atualização da Diretriz Brasileira de Dislipidemias e Prevenção da Aterosclerose – 2017. Arq. Bras. Cardiol. v. 109, nº 2, supl. 1. São Paulo, 2017.
BAYNES, J.W.; DOMINICZAK, M.H. *Bioquímica Médica.* 4ª ed. Rio de Janeiro: Elsevier, 2015.
BURTIS, C.A.; ASHWOOD, E.R.; BUNS, D.E. *Tietz: Fundamentos de Química Clínica.* 6ª ed. Rio de Janeiro: Elsevier, 2008.
HENRY, J.B. *Diagnósticos Clínicos e Tratamento por Métodos Laboratoriais.* 21ª ed. São Paulo: Manole, 2012.
Doles Reagentes e Equipamentos para Laboratórios Ltda. Em www.doles.com.br

▶Capítulo 13 – Transaminases

Doles Reagentes e Equipamentos para Laboratórios Ltda. Em www.doles.com.br.
OLIVEIRA L.A.; SOARES, J.B.; GICA, J.B.; GALIZZI, J.; CANÇADO, J.R. *Métodos de laboratório aplicados à clínica: técnica e interpretação.* 8ª ed. Rio de Janeiro: Guanabara Koogan, 2001.
PELLEY, J.W. *Bioquímica.* Rio de Janeiro: Ed. Elsevier, 2007.
PRATT, C.W. *Bioquímica Essencial.* 4ª ed. Rio de Janeiro: Guanabara Koogan, 2014.

▶Capítulo 14 – Dosagem de ureia

Doles Reagentes e Equipamentos para Laboratórios Ltda. Em www.doles.com.br.
GAWE A. *et al. Bioquímica clínica.* 2ª ed. Rio de Janeiro: Guanabara Koogan, 2001.
LIMA A.O.; SOARES B.J.; GALIZZI J. e CANÇADO, R. J. *Métodos de laboratório aplicados à clínica. Técnicas e interpretação.* 8ª ed. Rio de Janeiro: Guanabara Koogan, 2001.
MARZOCCO, A.; TORRES, B.B. *Bioquímica básica.* 4ª ed. Rio de Janeiro: Guanabara Koogan, 2015.
NARDY COMPRI, M.B.; STELLA, M.B.; OLIVEIRA, C. **Práticas de Bioquímica e Biofísica – uma visão integrada**. Rio de Janeiro: Guanabara Koogan, 2013.

▸Capítulo 15 – Coagulação sanguínea

FISCHBACH, F. *Manual de enfermagem* – exames laboratoriais e diagnósticos. 8ª ed. Rio de Janeiro: Guanabara Koogan, 2013.

GUERRA, C.C.C. *Coagulação na prática médica.* São Paulo: Manole, 1979.

RONDELL, V.W.; BENDER, D.A.; BOTHAM, K.M.; KENNEDLLY, P.J.; WELL, P.A. *Bioquímica ilustrada de Harber*. 30ª ed. São Paulo: McGraw-Hill, 2016.

MONTECCHIO, M. "Agregação plaquetária: interesse científico e informação". *Newslab: a Revista do Laboratório Moderno*, 12-70, 1995.

NARDY COMPRI, M.B.; STELLA, M.B.; OLIVEIRA, C. **Práticas de Bioquímica e Biofísica – uma visão integrada**. Rio de Janeiro: Guanabara Koogan, 2013.

OLIVEIRA L.A.; SOARES, J.B.; GRECO, J.B.; GALIZZI, J.; CANÇADO, J.R. *Métodos de laboratório aplicados à clínica — técnica e interpretação.* 8ª ed. Rio de Janeiro: Guanabara Koogan, 2001.

ZUCKER, M.B. "Fisiología de las plaquetas sanguíneas". *Scientific American*, 47-6, 1980.

▸Capítulo 16 – Bioquímica e biofísica renal

BOTTINI, P.V.; GARLIPP, C.R. Urinálise: comparação entre microscopia óptica e citometria de fluxo. *J. Bras. Patol. Med. Lab.* V. 42 nº 3. Rio de Janeiro, Jun. 2006.

GAW, A. *et al. Bioquímica clínica.* 2ª ed. Rio de Janeiro: Guanabara Koogan, 2001.

HENEINE, F.I. *Biofísica básica.* São Paulo: Atheneu, 2008.

NARDY COMPRI, M.B.; STELLA, M.B.; OLIVEIRA, C. **Práticas de Bioquímica e Biofísica – uma visão integrada**. Rio de Janeiro: Guanabara Koogan, 2013.

OLIVEIRA L.A.; SOARES, J.B.; GICA, J.B.; GALIZZI, J.; CANÇADO, J.R. *Métodos de laboratório aplicados à clínica: técnica e interpretação.* 8ª ed. Rio de Janeiro: Guanabara Koogan, 2001.

▸Capítulo 17 – Dosagem do ácido úrico

Doles Reagentes e Equipamentos para Laboratórios Ltda. www.doles.com.br.

GAW, A. *et al. Bioquímica clínica.* 2ª ed. Rio de Janeiro: Guanabara Koogan, 2001.

LIMA, A.O.; SOARES, B.J.; GICA, J. B.; GALIZZI, J.; CAÇADO, R.J. *Métodos de laboratório aplicados à clínica. Técnicas e interpretação.* 8ª ed. Rio de Janeiro: Guanabara Koogan, 2001.

LOPES, A.C. *Tratado de clínica médica.* São Paulo: Roca, 2006, v. 1.

NARDY COMPRI, M.B.; STELLA, M.B.; OLIVEIRA, C. **Práticas de Bioquímica e Biofísica – uma visão integrada**. Rio de Janeiro: Guanabara Koogan, 2013.

▸Capítulo 18 – Dosagem de bilirrubina

BURTIS, C.A.; ASHWOOD, E.R. *Tietz: Fundamentos de Química Clínica.* 6ª ed. Rio de Janeiro: Guanabara Koogan, 2008.

GAW, A. *et al. Bioquímica clínica: um texto ilustrado em cores.* 2ª ed. Rio de Janeiro: Guanabara Koogan, 2001.

KAMOUN, P.; LAVOINNE, A.; DE VERNEUIL, H. *Bioquímica e biologia molecular.* Rio de Janeiro: Guanabara Koogan, 2006.

NARDY COMPRI, M.B.; STELLA, M.B.; OLIVEIRA, C. **Práticas de Bioquímica e Biofísica – uma visão integrada**. Rio de Janeiro: Guanabara Koogan, 2013.

▸Capítulo 19 – Diálise

BERG, Jeremy M., TYMOCZKO, John L., STRYER, Lubert. *Bioquímica.* 7ª ed. Rio de Janeiro: Guanabara Koogan, 2014.

BURTIS, Carl A., ASHWOOD, Edward R., BUNS, David E. *Tietz: Fundamentos de Química Clínica.* 6ª ed. Rio de Janeiro: Elsevier, 2008.

DURÁN, José E. Rodas. *Biofísica – Fundamentos e Aplicações.* São Paulo: Prentice Hall, 2003.

HENEINE, F.I. *Biofísica básica.* 6ª ed. São Paulo: Sarvier, 2008.

LEHNINGER, Albert L., COX, NELSON, YARBOROUGH, Kay. *Princípios de Bioquímica*. 4.ed. São Paulo: Sarvier, 2006.

▸Capítulo 20 – Cromatografia

BAYNES, J.W.; DOMINICZAK, M.H. *Bioquímica Médica.* 4ª ed. São Paulo: Manole, 2015.

BURTIS, C.A.; ASHWOOD, E.R.; BUNS, D.E. *Tietz: Fundamentos de Química Clínica.* 6ª ed. Rio de Janeiro: Elsevier, 2008.

NEVES, L.B., MACEDO, D.M., LOPES, A.C. Homocisteína. *J. Bras. Patol. Méd. Lab.* V. 40 nº 5 p. 311-20 Out 2004.

▶ Capítulo 21 – Cadeia de transporte de elétrons

HENEINE, F.I. *Biofísica Básica.* São Paulo: Ed. Atheneu, 2008.
PELLEY, J.W. *Bioquímica:* Rio de Janeiro: Ed. Elsevier, 2007.
PRATT, C. W. *Bioquímica essencial.* 4ª ed. Rio de Janeiro: Guanabara Koogan, 2014.

▶ Capítulo 22 – Dosagem de cálcio e fósforo

FISCHBACH, F. *Manual de Enfermagem – Exames Laboratoriais e Diagnósticos.* 8ª ed. Rio de Janeiro: Guanabara Koogan, 2013.
HENRY, J.B. *Diagnósticos Clínicos e Tratamento por Métodos Laboratoriais.* 21ª ed. São Paulo: Manole, 2012.
Laborlab Produtos para Laboratórios Ltda. – *www.laborlab.com.br*
Labtest Diagnóstica S.A. – *www.labtest.com.br*

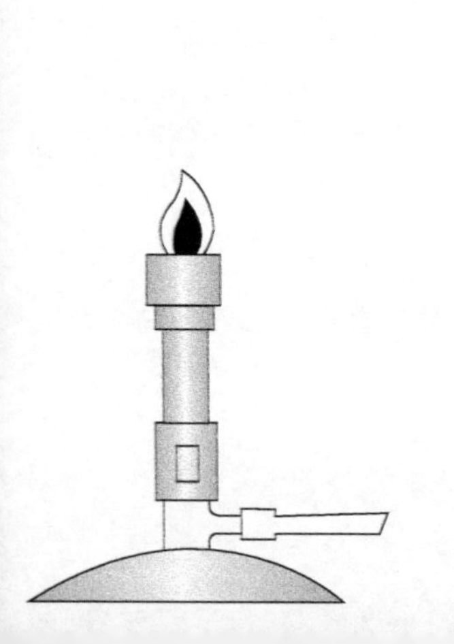

Índice Alfabético

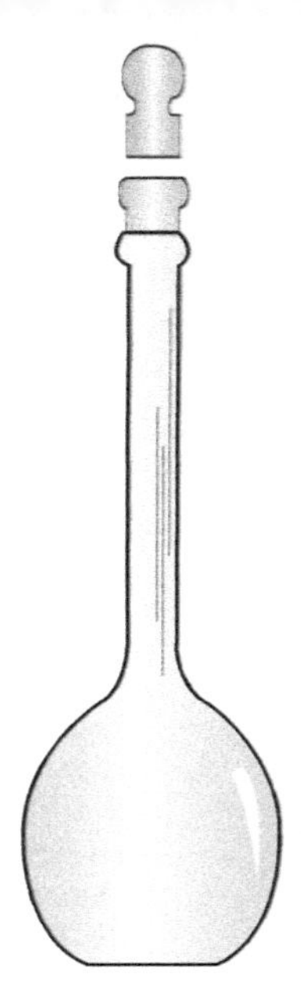

A

B

C

D

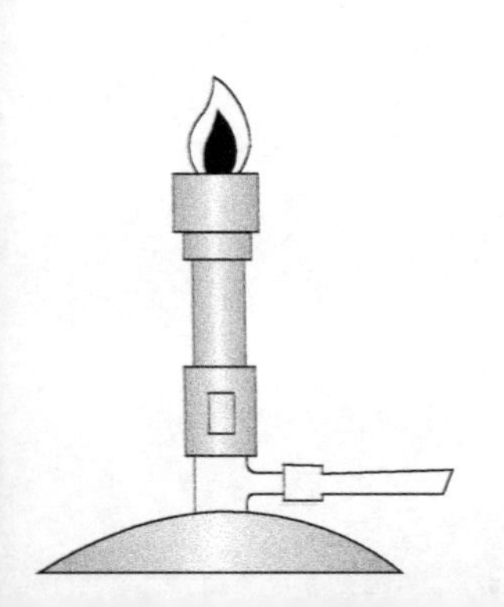

2021
1
2
3
4
5
6
7
8
9
10